Stojan Rudan · Michael Kötting

»Seien Sie gefälligst still, wenn ich Sie unterbreche!«

Piper München Zürich

Mehr über unsere Autoren und Bücher:
www.piper.de

MIX
Papier aus verantwor-
tungsvollen Quellen
FSC® C014496

Originalausgabe
Februar 2014
© 2013 Piper Verlag GmbH, München
Umschlaggestaltung: semper smile, München
Umschlagabbildung: shutterstock
Satz: Uhl + Massopust, Aalen
Gesetzt aus der Liberation
Papier: Papier: Munken Print von Arctic Paper Munkedals AB, Schweden
Druck und Bindung: GGP Media GmbH, Pößneck
Printed in Germany ISBN 978-3-492-30352-1

Stojan Rudan · Michael Kötting
»Seien Sie gefälligst still, wenn ich Sie unterbreche!«

PIPER

Zu diesem Buch

Er hat absolut keine Ahnung, davon aber ziemlich viel. Er steht über den Dingen und findet immer jemanden, der seine Arbeit macht. Er ist der meist gehasste Mensch im Büro und trotzdem sagt ihm keiner die Meinung. Denn er ist: der Chef!

Egal, ob Typ Charmeur, Tyrann oder Choleriker – er ist nicht arrogant, er ist vollkommen! Und wenn man ihm trotzdem mal die Meinung geigt, heißt es: »Wenn ich Sie wäre, wäre ich lieber ich«.

Jetzt aber wird zurückgeschlagen. Mit den bösesten Chef-sprüchen, gesammelt in echten Büros, von echten Angestellten. Denn wer viel zu hören bekommt, der will auch mal gehört werden!

Michael Kötting und *Stojan Rudan* haben sich natürlich im Büro kennengelernt. Heute sind die beiden Marketing-Experten ihre eigenen Chefs und rufen in ihrem Blog www.badassboss.de zum Widerstand gegen die Teflon-Bosse auf.

Inhalt

Vorwort

Ein Freitag im Dezember. 17:30 Uhr.
Kurz vor Ablauf der Deadline.

Seit zwei Wochen haben wir kein Sonnenlicht mehr gesehen. Arbeitsbeginn: Acht Uhr. Feierabend: Open End. Sieben Tage die Woche. Dank dem *Business-Punk*-Magazin sind wir dermaßen gehirngewaschen, dass wir denken: Überstunden sind geil. Ja, das muss sogar so sein bei aufstrebenden Young Professionals. Also rödeln wir weiter wie besessen. Seit zwei Wochen reißen wir uns den Hintern auf, damit das Marketingkonzept für die finale Präsentation unseres Chefs fertig wird. Müde blinzeln unsere roten Augen hinter einer Wand aus leeren Red-Bull-Dosen. Als würde er ein Klavierkonzert von Chopin spielen, tippt Michael auf seinem Laptop die finalen Zeilen ins Dokument. Fertig.

17:50 Uhr. Koffein-Quickie. Nachdem die Kaffeemaschine eine letzte Tasse ausgespuckt hat, verlangt sie nach Wasser, Bohnen und der Leerung des Tresters. Wir ignorieren es. Dann flackert ein rotes Lämpchen auf und erlischt gleich darauf mit einem Zischen. Sie geht von uns. Für immer. Die vierte schon in diesem Jahr. Wir beschließen, sie erst nach der Präsentation zu betrauern und teilen uns ihren letzten Kaffee andächtig.

17:55 Uhr. Wie Gladiatoren betreten wir das Büro unseres Chefs. Siegessicher. Heute bekommen wir den Lorbeerkranz aufgesetzt – und bestimmt auch den vielfach versprochenen und längst überfälligen Bonus.

18:00 Uhr. Wir machen den Beamer an und werfen die Präsentation an die Wand. 45 Minuten sind angesetzt. Stojan beginnt.

18:05 Uhr. Unser Chef steht plötzlich auf. Wir denken, es hält ihn vor Begeisterung nicht mehr in seinem Sessel. Doch er kläfft nur: »Die Zahlen sind falsch. Damit ist das ganze Konzept hinfällig!« Unsere Nerven liegen schlagartig blank. Der Koffein-Spiegel sinkt ins Bodenlose. Die Realität haut der Hoffnung voll aufs Maul.

18:06 Uhr. Michael entgegnet: »Das ist nicht unsere Schuld« und klingt dabei etwas verzagt. »Die Zahlen haben wir doch von Ihnen bekommen«, schiebt er tapfer hinterher.

»Ich sage auch nicht, dass es Ihre Schuld ist. Ich sage nur, dass ich Sie dafür verantwortlich mache«, kommt es zurückgeschossen.

Uns bleibt die Spucke weg. Mieses Karma. Wir denken an die Kaffeemaschine, die vor 20 Minuten ihren Geist aufgegeben hat, und sterben solidarisch mit ihr einen inneren Tod. Die letzten 14 Tage ziehen im Zeitraffer an uns vorbei. Frustriert und leichenblass sagt Stojan: »Wissen Sie eigentlich, wie viel Arbeit das alles war?!« Unser Chef schüttelt verständnislos den Kopf: »Ich glaube, Sie verwechseln mich mit jemandem, den das interessiert.«

18:10 Uhr. Stojans Unterlippe zuckt leicht spastisch, während er ungläubig den Chef anstarrt. Michael tippt auf einen gerade einsetzenden Schlaganfall oder die Vorboten eines Ausrasters. Er entscheidet sich für das Zweite und ergreift schnell die Initiative: »Und was können wir unternehmen, um das Konzept zu retten?«

Da spricht der Chef salomonisch: »Ich denke, *ich* sollte nach Hause gehen und drüber schlafen und *Sie* noch 'ne Nacht darüber arbeiten. Wir treffen uns dann morgen hier im Büro um 18 Uhr wieder. Guten Abend.« Kaum hatten seine Worte unsere Red-Bull-verseuchten Gehirnwindungen durchdrungen, hatte er sich auch schon seinen Mantel geschnappt und Xavier Naidoo's »Was wir alleine nicht schaffen, das schaffen wir dann zusammen« pfeifend das Büro verlassen.

Der nächste Tag. Samstag. 00:01 bis 17:50 Uhr. Die zweite Präsentation.

Die Müdigkeit droht uns zu übermannen. Da unsere Kaffeemaschine das Zeitliche gesegnet hat, beschließen wir um 4 Uhr nachts auf Ritalin umzusteigen. Der Notfalldienst in der Apotheke verweigert uns die Aushändigung ohne ärztliches Rezept. Wir kaufen uns eine Palette Red Bull an der Tankstelle. Unsere Dosenwand ist auf die Größe der Berliner Mauer angewachsen. Wir haben das 120-seitige Dokument komplett überarbeitet. Wir sind überarbeitet. Unsere Tagesform: Paralympisch. Geisteszustand: ADHS. Nur ohne das AD.

17:55 Uhr. Unser Chef trottet ins Büro und begrüßt uns mit den Worten: »Wenn einem die Scheiße bis zum Hals steht, sollte man nicht den Kopf hängen lassen.« Wir schlucken. Wut schmeckt bitter. Wir lächeln trotzdem. Wir präsentieren.

18:45 Uhr. Wir sind durch mit der Präsentation. Unser Chef steht auf, klatscht drei Mal in die Hände und sagt: »Geht doch. Und jetzt übersetzen Sie mir das für die Vorstandssitzung am Montag noch ins Englische. Das bekommen Sie bis morgen Abend bestimmt hin, oder?«

Wir sind zu schwach zum Widerstand. In unseren Köpfen machen wir grausame Sachen mit ihm.

18:47 Uhr. Unser Chef verabschiedet sich auf eine Party. Wir verabschieden uns vom Wochenende. Michael verdrückt eine Träne. Stojan kommt seiner Pflicht als Schutzbefohlener nach und spendet ihm soziale Wärme. Beide entdecken kurz ihre feminine Seite. Und heulen hemmungslos.

Der übernächste Tag. Sonntag. 00:01 bis 17:50 Uhr. Die dritte Präsentation.

Wir bieten der vom allgemeinen Schönheitsideal stark abweichenden Auszubildenden in der Notfallapotheke 100 Euro. Sie weigert sich dennoch, uns das Ritalin zu geben. Stojan legt noch seine Handynummer drauf. Für 150 Euro und ein Date bekommen wir es schließlich. Vorsichtshalber kaufen wir trotzdem noch Energy-Drinks.

Zurück im Büro, dröhnt aus den Laptop-Lautsprechern

Technomusik – nicht schön, dafür schön laut. Hält wach. Brüderlich teilen wir uns die Übersetzung. Stojan macht 80 Seiten, Michael 40. We are done!

18:00 Uhr. Unser Chef kommt ins Büro. Wir legen ihm das finale Dokument vor. Er freut sich mit den Worten: »Damit werde ich richtig punkten bei der Vorstandssitzung. Gut, meine Herren, dann genießen Sie Ihr Wochenende.«

18:05 Uhr. Stojan packt die Chance am Schopfe: »Jetzt, wo wir Ihnen alles geliefert haben, denke ich, wäre es ein guter Zeitpunkt, um über unseren Bonus zu sprechen.« Damit hatte unser Chef nicht gerechnet. Er explodiert: »Bonus?! Ich musste Ihretwegen zweimal an meinem Wochenende ins Büro kommen. Ihre Leistungen sind unterirdisch! Das einzig Bemerkenswerte, was Sie täglich auf der Arbeit zustande bringen, ist, einen Liter Kaffee in einen Liter Pisse zu verwandeln.« Dreht sich um und verlässt das Büro.

18:07 Uhr. Fassungslos rufen wir Freunde an, um ihnen von den Grausamkeiten zu erzählen, welche wir dieses Wochenende durchmachen mussten.

»Ehrlich? Aber wenn ihr wüsstet, was mein Chef letzte Woche abgelassen hat ...«

»Das ist hart, aber nichts im Vergleich zu dem, was ich hier ertragen muss ...«

»Da könnte ich euch aber noch ein paar krassere Geschichten erzählen ...«, sind die Reaktionen am anderen Ende der Leitung. Es scheint, als wäre die Welt voller tyrannischer Chefs. Muss man sich das eigentlich alles gefallen lassen?

»Krass, was für ein Badass, euer Boss. Das solltet ihr publik machen.« Wir haben eine Vision. Das Teufelchen auf Stojans Schulter flüstert: »Badass. Boss. Badass Boss.« Dann fügt es hinzu: »Bau die Webseite. Jetzt wird zurückgeschossen.«

Der darauffolgende Montag. 00:01 bis 09:00 Uhr.
Die Badass-Boss-Weboffensive.

Das Ritalin ist alle. Wir schniefen Kaffeepulver. Das Teufelchen hatte recht! Wie besessen arbeiten wir: Domain kaufen. Logo entwerfen. Website coden. Facebook-Seite und Twitter-Account anlegen. Schließlich gehen die schrecklichsten Sprüche der Bosse online. Badass Boss ist geboren.

Außerhalb von Raum und Zeit

Auf einem tätowierten Nashorn reitend, betreten wir die Bühne des restlos ausverkauften Olympiastadions in Berlin. Hunderttausend Besucher begrüßen uns mit dem Badass-Handzeichen. Aufgeregt wie ein Groupie empfängt uns Angela Merkel am Rednerpult. Die Medien sprechen vom »Next Big Thing« nach Facebook.

Unsere Website www.badassboss.de zieht an allen vorbei. Unser Chef sprach von Kündigung und feuerte uns. Risikokapitalgeber sprachen von 15 Mio. €, die sie investieren wollten. Wir sprachen von 60 Mio. € und erhielten sie.

Badass Boss verbreitet sich wie ein Lauffeuer. Erst Europa, dann USA und schließlich der Rest der Welt. Nordkorea führt das Internet ein, damit auch sie Zugriff auf unser Blog haben. Wir erhalten den Friedensnobelpreis. Das Bundesarbeitsgericht untersagt Chefs unter Androhung von Freiheitsstrafen, gemein zu sein, und verbietet jegliche Nutzung von Kraftausdrücken am Arbeitsplatz. Fuck, das mit den Kraftausdrücken wollten wir nicht. Der Erfolg steigt uns zu Kopf. Stojan geht auf spirituelle Reise nach Indonesien, wo er eine Katzenkaffee-Plantage errichtet. Michael geht nach Hollywood, wo Scorsese die Badass-Boss-Geschichte verfilmt. Der absolute Wahnsinn bricht über uns herein…

Am gleichen Tag, 9:30 Uhr.

»…AUFWACHEN!!!« Hysterisches Gebrüll und eine Salve Kraftausdrücke lassen uns aus unserem Traum vom Badass-Boss-Welterfolg aufschrecken, in dem man sich nicht mehr alles gefallen lassen musste. Auf Michaels rechter Backe zeichnet sich die Tastatur ab, auf der sein Kopf gebettet war. Die Grafikpraktikantin schreit uns lauthals an: »Der Vorstand hat den Chef entlassen. Der hat mit seiner Präsentation wohl voll verkackt.« Wir schweigen und grinsen uns an. Diabolisch sagt Stojan: »Dann haben unsere *Fuck You-* und *Deine Mudda*-Ergänzungen in der Präsentation wohl ihren Zweck erfüllt. War klar, dass er die Präsentationen nicht gegenliest und sie dann auch noch als seine Arbeit verkauft.«

Gerechtigkeit. Endlich Gerechtigkeit. Wer ist jetzt der Badass?!

Zwei Dezember später. Jetztzeit.

Unser Blog badassboss.de ging sofort steil durch die Decke, denn er bot Millionen von Angestellten Gelegenheit, Dampf abzulassen, indem sie die Eskapaden und verbalen Ausraster ihrer Chefs der Welt präsentieren konnten. Tausende von Sprüchen und Stories erreichten uns, und wir fanden prominente Unterstützer, die uns in unserem Guerillakampf gegen die Badass-Bosse unterstützen. Zusammen stellen wir uns gegen die fiesen Chefs. Unser Erkennungszeichen ist der mit Daumen und Zeigefinger geformte Kreis, durch den wir schauen. Unsere Ansage an die Badass-Bosse: Wir haben euch durchschaut!

Unser besonderer Dank gilt unseren Supportern, da sie an unsere Idee geglaubt und für ihre Unterstützung nicht einen Cent genommen haben. Sie haben bewiesen, dass sich etwas in der Führungskultur und im Umgang miteinander ändern muss. Viele von ihnen sind selber Bosse. Sie sind die Good Bosses. Und in diesem Buch lassen wir sie als Kontrastprogramm zu den bösen Chefsprüchen zu Wort kommen.

Wir wünschen unseren Lesern viel Freude mit der Best-of-Auswahl der bösesten Chefsprüche und den fiesesten verbalen Entgleisungen von badassboss.de, die uns Hunderte Azubis, Sekretärinnen, Facharbeiter und Büromenschen geschickt haben. Alles echt. Alles aus der realen Arbeitswelt: irrwitzig, zum Kopfschütteln und Fremdschämen.

KICKASS

Stojan Rudan und Michael Kötting

Der Besserwisser

Ganz nach dem Motto »Ich habe damals alles richtig gemacht, und in Zukunft habe ich auch alles richtig gemacht« geht der Besserwisser zu Werke. Ob er wirklich Ahnung hat, interessiert ihn nicht. Seine Meinung ist die einzige Meinung und damit automatisch immer die richtige. Aber es gibt ein Mittel gegen diese Spezies: Wohlwollend nicken und »Mhh … ja, ja … mhh« sagen, und man ist den Besserwisser schnell wieder los … vorerst zumindest.

»Ich bin kein Arzt, aber ich denke, Sie leiden an einer akuten Intelligenzintoleranz.«

Fachlich fundierte Diagnose meines Vorgesetzten.

– – – – – – – – – – – – – – – –

Ich: »Ich müsste heute früher los, mein Mann hat sich das Bein gebrochen und wartet im Krankenhaus.«
Chef: »Na, dann lassen Sie ihn warten, weglaufen kann er ja nicht.«

Geht gar nicht. Mein Chef glaubt auch für alles eine passende Lösung zu haben.

– – – – – – – – – – – – – – – –

Ich: »Kann es sein, dass Sie mich in der Gehaltsverhandlung angelogen haben?«
Chef: »Na ja, zum Lügen gehören immer noch zwei. Einer, der lügt, und einer, der es glaubt.«

Wer es glaubt, wird… nicht befördert.

»Wenn Sie hoch hinauswollen, dann gehen Sie klettern. Hier im Unternehmen wird das jedenfalls nichts.«

The Sky is the limit. Das gilt
selbstverständlich nicht für meinen Chef.

- - - - - - - - - - - - - - - -

»Sie verlieren sich so oft in Gedanken, scheint wohl unbekanntes Terrain für Sie zu sein?!«

Ich denke, also bin ich… vor den Kopf gestoßen.

- - - - - - - - - - - - - - -

»Sie sind der Blinddarm des Unternehmens. Oft gereizt und völlig nutzlos.«

Mein Chef macht seine Sekretärin wegen
ihrer Stimmungsschwankungen rund.

»Wann stirbt Ihre Mutter denn nun? Das muss ich wissen, damit ich die Schichten planen kann.«

O-Ton der leitenden Krankenschwester
zu einer Kollegin.

- - - - - - - - - - - - - - -

Ich: »Die Beerdigung meines Vaters ist am Montag. Ich werde mir freinehmen müssen.«
Boss: »Sie wissen selbst, dass am Montag die wichtige Kundenpräsentation ist. Verlegen Sie die Beerdigung lieber auf Freitag. Ist besser für Sie.«

Für unsere Kunden geht mein Chef
sogar über Leichen.

- - - - - - - - - - - - - - -

Boss: »Was machen Sie so spät noch am Rechner?«
Ich: »Nichts.«
Boss: »Das haben Sie doch schon gestern gemacht, oder sind Sie damit etwa nicht fertig geworden?«

Gut, vielleicht hat er einfach vergessen, dass ich seit
zwei Nächten an SEINER Präsentation arbeite.

»Wenn das nächste Mal die Nummer eines Kunden aufblinkt, tun Sie mir bitte den Gefallen und gehen nicht ans Telefon. Da hat ja jeder Fünfjährige eine bessere sprachliche Ausdrucksfähigkeit als Sie.«

Danke, das war es dann auch mit dem Telefondienst
für mich. Für immer.

– – – – – – – – – – – – – – – –

»Ich würde Ihnen am liebsten sagen, dass Sie sich am Arsch lecken können, aber so, wie ich Sie kenne, würden Sie es eh weiterdelegieren.«

Jetzt wird's dreckig: Mein Boss lässt die Sau raus.

– – – – – – – – – – – – – – – –

»Es gibt Tage, an denen sind Sie der Arsch, und es gibt Wochenenden.«

Als ich mich beim Chef über die ungerechte
Arbeitsaufteilung beschwerte.

Ich: »Oh Gott, warum sind denn Ihre Augen
so angeschwollen?«
Boss: »Ruhe! Ich hab Tinnitus.«
Ich: »In den Augen???«
Boss: »Ja … ich seh nur Pfeifen. Und jetzt
verschwinden Sie, ich muss mich schonen.«

*Fürsorglichkeit, für die mir die Ohren
langgezogen wurden.*

– – – – – – – – – – – – – – – –

»Wissen Sie, ich bin der festen Überzeugung, dass
jeder Mitarbeiter seinen Anteil am Erfolg des Unternehmens hat. Nur bei Ihnen hab ich ein ungutes
Gefühl.«

*Während des Personalgesprächs offenbart mir mein
Chef sein untrügliches Bauchgefühl.*

– – – – – – – – – – – – – – –

»Ich habe gerade ›Wen interessiert's‹ gegoogelt.
Mein Name tauchte nicht in den Suchergebnissen
auf!«

*Mein Chef, als ich ihm sagte, dass ich eine
Gehaltserhöhung wolle.*

»Krankheit ist Schicksal, aber Urlaub ist ein Charakterfehler.«

Lieber einen Charakterfehler,
als überhaupt keinen Charakter haben.

– – – – – – – – – – – – – – – –

Ich: »Noch so eine Beleidigung, und ich vergesse mich!«
Boss: »Ach, unter Demenz leiden Sie auch noch.«

Als mir mein Boss eine hirnlose Beleidigung
an den Kopf knallte.

– – – – – – – – – – – – – – – –

Ich: »Ich erinnere mich noch sehr gut an mein erstes Mal.«
Boss: »Bestimmt haben Sie noch die Rechnung.«

Ich werde meinem Boss nie wieder etwas
Persönliches erzählen.

»Sie arbeiten wie ein Maulwurf. Blind drauflos und zum Schluss bleibt nur ein Haufen Dreck.«

Besser ein Maulwurf als so ein Stinktier
wie mein Chef.

- - - - - - - - - - - - - - - -

»Mit Ihrem stetigen Rumgekotze können Sie vielleicht bei *Germany's Next Topmodel* was reißen. Bei mir zieht das nicht. Also, Kinn abwischen, und zurück an den Rechner.«

Unsere Chefin zur offensichtlich kranken Grafikerin,
die, nachdem sie bereits erbrochen hatte,
nach Hause wollte.

- - - - - - - - - - - - - - - -

»Wie dieser beschissene Bericht hier belegt, ist Ihre Arbeitsleistung von ›beschissen‹ zu ›Wie-kann-jemand-nur-so-beschissen-sein?‹ gestiegen.«

Vierteljährliches Job-Performance-Gespräch
mit dem Vertriebsleiter.

Chef: »Ok, Männer, jeder auf seine Position.«
Ich: »Auf welcher spiele ich?«
Chef: »Pfosten.«

Während eines karitativen Fußballturniers,
das unser Unternehmen ausrichtete.

– – – – – – – – – – – – – – –

»Ich weiß, dass Ihr Gehalt nicht reicht, um zu
heiraten. Aber eines Tages werden Sie mir dankbar
sein.«

Wow, mein Chef kann sogar wahrsagen.

– – – – – – – – – – – – – – –

»Ich kann wirklich nicht verstehen, wie man Sie
bei der letzten Personalrationalisierung übergehen
konnte.«

Einfühlsames Personalgespräch
mit der Key-Account-Managerin.

»Ich würde Sie wahrscheinlich interessanter finden,
wenn ich Psychologie studiert hätte.«

*Während meines Einstellungsgesprächs machte der
arrogante Personalleiter einen auf Sigmund Freud.*

— — — — — — — — — — — — — — — —

»Ihre Fortschritte sind bemerkenswert – vor allem
was Ihre kommunikativen Fähigkeiten angeht.
Seitdem Sie das Wort ›Dings‹ für sich entdeckt haben,
können Sie sich hervorragend ausdrücken und wirklich ALLES präzise beschreiben!«

*Lob des Creative Directors bezüglich
meiner Textsicherheit.*

— — — — — — — — — — — — — — — —

Teamleiter: »Guten Morgen zusammen.
Mein Name ist Juri Bryzcek-Wyczikowski.«
Ich: »Wie schreibt man das?«
Teamleiter: »Mit Bindestrich.«

*Unser neuer Teamleiter punktet gleich mit schneller
Auffassungsgabe und Höflichkeit.*

»Jetzt beruhigen Sie sich bitteschön. Ich hab Sie nicht
beleidigt. Ich hab Sie beschrieben.«

Nachdem mich mein Chef ein rückgratloses
Charakterschwein genannt hatte.

– – – – – – – – – – – – – – – –

»Entschuldigung, wenn ich Sie verletzt habe, als ich
Sie einen nutzlosen Blödmannsgehilfen nannte …
Ich dachte, das wüssten Sie schon.«

Schön, dass mich mein Chef für so weise hält.

– – – – – – – – – – – – – – –

»Ich habe nie gesagt, dass es Ihre Schuld war.
Ich habe gesagt, dass ich Sie dafür verantwortlich
machen werde.«

Kunde abgesprungen. Köpfe rollen. Einer ist meiner.

»Ich denke, ich werde Sie für meine Fehler verantwortlich machen müssen.«

Der Abteilungsleiter konnte mit seinem Konzept nicht beim Chef überzeugen und suchte einen Schuldigen.

— — — — — — — — — — — — — — — —

»Ich bin mir sicher, Sie werden schnell jemand neues finden, über den Sie sich beschweren können.«

Zuversichtliche Worte meines Chefs, als er mir die Kündigung überreichte.

— — — — — — — — — — — — — — —

»Jeder Gangbang ist nur so gut wie sein schwächstes Glied.«

Mahnende Teamansprache. Mein Chef zitiert seinen Lieblingsschauspieler Rocco Siffredi.

»Füße hoch, Ihr Niveau kommt.«

Wenigstens kommt meins.

— - - - - - - - - - - - - - - -

»Sie sind ja heute alle pünktlich zum Meeting erschienen – ist Facebook offline?«

Nein. Facebook gibt's jetzt auch als Mobile-App fürs Smartphone.

— - - - - - - - - - - - - - - -

»Ach, wo ich Sie gerade sehe, fällt mir doch glatt ein, dass ich heute Morgen vergessen habe, den Müll rauszustellen.«

Abfällige Kommentare kann mein Chef besonders gut.

Chef: »Warum erscheinen Sie verspätet zum Meeting?«

Ich: »Nun ja, ich dachte …«

Chef: »Heureka! Da haben wir den Fehler schon.«

Fehlersuche vor versammelter Belegschaft.

- - - - - - - - - - - - - - -

»Keine Widerrede! Wir werden die Meetings weiterhin täglich abhalten, bis wir herausgefunden haben, warum so viel Arbeit liegen bleibt.«

Mein Boss auf meine Frage, ob es nicht effizienter wäre, die Meetings nur einmal wöchentlich abzuhalten.

- - - - - - - - - - - - - -

Ich: »Sie haben einen sehr interessanten Dialekt. Wo sind Sie geboren?«

Boss: »Krankenhaus.«

Wenn Small-Talk zu Short-Talk wird.

»Sie arbeiten halbtags? Bei mir sind das zwölf
Stunden.«

So geht Teilzeit. Zumindest
wenn es nach dem Senior geht.

- - - - - - - - - - - - - - - -

»Das ist echt grottig, selbst für jemanden, der in der
Schule nur Singen und Klatschen hatte.«

Immer diese Vorurteile gegenüber Waldorf-Schülern.

- - - - - - - - - - - - - - - -

»Wir hatten noch nie jemanden, der es so weit
gebracht hat wie Sie. Wir sind uns nicht sicher,
was wir jetzt mit Ihnen machen sollen.«

Der Vorgesetzte beim letzten Personalgespräch:
Ratlos, aber nie tatenlos.

Chef: »Wo waren Sie denn bloß die ganze Zeit?«
Ich: »Ich saß doch die ganze Zeit an meinem Schreibtisch und habe gearbeitet.«
Chef: »Oh. Das konnte natürlich niemand ahnen.«

Und wie sonst soll bitte die Produktanalyse auf seinen Schreibtisch gekommen sein?

— — — — — — — — — — — — — — —

»Ich würde Ihnen die Marktstudie ja gerne erklären, aber ich hab gerade meine Buntstifte, das Malbuch und die Fleißsternchen nicht mit.«

Mein Chef auf meine Bitte, mir die Zusammenhänge der Marktstudie in verständlicher Form zu erläutern.

— — — — — — — — — — — — — — —

»Mhh, ja … ein wirklich gutes Konzept. Man sieht, dass da viel Arbeit drinsteckt. Ich denke, bevor wir uns final festlegen, sollte ich drüber schlafen und Sie noch 'ne Nacht drüber arbeiten. Guten Abend.«

*Freitagabend. Deadline. Finale Präsentation.
Finale Worte unseres Chefs.*

»Ich schwöre Ihnen, Ihre Frau und ich sind nur Facebook-Freunde.«

Auf der Weihnachtsfeier erklärte mir mein Chef sein Verhältnis zu meiner Frau. Heute ist sie meine Ex und seine Frau.

– – – – – – – – – – – – – – – –

»Machen Sie sich nicht so einen Kopf wegen Ihres verlorenen Auftrags. So was nennt sich geringes Selbstwertgefühl. Das ist sehr verbreitet unter Losern.«

Na danke: Auftrag weg und dann dieser Tiefschlag vom Chef.

– – – – – – – – – – – – – – – –

»Es gibt eigentlich keine Differenzen zwischen uns. Ganz im Gegenteil. Wir haben sogar Gemeinsamkeiten: Sie reisen gerne, und ich will, dass Sie abhauen!«

Als ich meinen Vertriebschef fragte, warum er meine Vertriebsstrategie torpediere.

»Nun … wir wollten uns mal ein Beispiel an Ihnen nehmen und auch ein wenig auf Facebook aktiv werden – so wie Sie mit Ihren Lästereien über uns. Ich habe daher soeben Ihre Kündigung gepostet, und siehe da: Fünf Personen scheint das bereits zu gefallen.«

Ich hätte es geliked, wenn es nicht mich betroffen hätte.

Der Charmeur

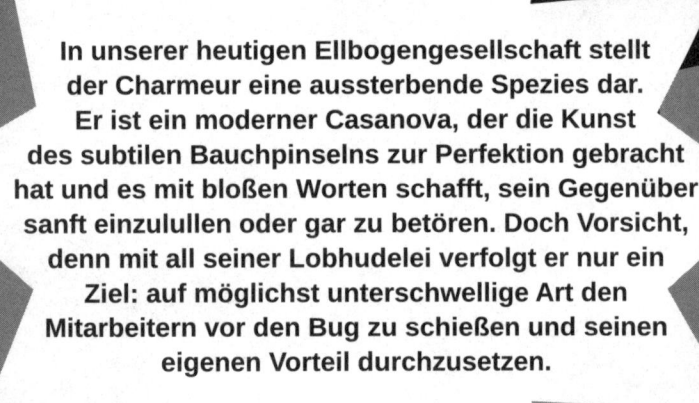

In unserer heutigen Ellbogengesellschaft stellt der Charmeur eine aussterbende Spezies dar. Er ist ein moderner Casanova, der die Kunst des subtilen Bauchpinselns zur Perfektion gebracht hat und es mit bloßen Worten schafft, sein Gegenüber sanft einzulullen oder gar zu betören. Doch Vorsicht, denn mit all seiner Lobhudelei verfolgt er nur ein Ziel: auf möglichst unterschwellige Art den Mitarbeitern vor den Bug zu schießen und seinen eigenen Vorteil durchzusetzen.

»Ich bin sicher, Sie werden weit kommen. Am besten gehen Sie jetzt schon.«

Im Personalgespräch mit dem Vertriebschef –
dem ehemaligen Vertriebschef, besser gesagt.

– – – – – – – – – – – – – – – –

»Haben Sie sich mit einem Böller die Haare gekämmt?«

Mein Chef, der Knallkopp,
kommentiert meine neue Frisur.

– – – – – – – – – – – – – – –

»Schöner Teint. Rot ist meine Lieblingsfarbe.«

Sehr charmant: Mein Chef zu mir nach
dem Sommerurlaub.

»Mhh, billig, aber es passt zu Ihrem Typ.«

Der Vertriebsleiter auf meine Frage,
wie mein neuer Anzug ihm gefalle.

– – – – – – – – – – – – – – – –

»Warum nutzlos? Sie dienen uns als schlechtes
Beispiel.«

Mein Boss auf meine frustrierte Frage,
ob ich noch von Nutzen für das Projekt sei.

– – – – – – – – – – – – – – – –

»Leute, ihr könnt das Licht ruhig aufdrehen,
so hässlich seid ihr auch wieder nicht.«

Als der Boss morgens in unser Büro kommt.

»Ich weiß nicht, was ich ohne Sie machen werde –
aber es wird phantastisch sein.«

Zu meiner Verabschiedung nach vier Jahren:
Der Teamleiter ist voll des Lobes.

– – – – – – – – – – – – – – – –

»Das ist das beste Kündigungsschreiben, das ich je
verfasst habe. Ich möchte es Ihnen widmen.«

Ehre wem Ehre gebührt.
Ich hätte gern darauf verzichtet.

– – – – – – – – – – – – – – – –

»Nein, ich hab Sie nicht vergessen. Ich denke jedes
Mal an Sie, wenn ich auf der Toilette durch mein
Handy blättere.«

Mein Chef, nachdem ich ihn zum x-ten Mal an meinen
Urlaubsantrag erinnert habe.

»Ich wünsche Ihnen alles Gute für Ihre Zukunft, und möge Ihr Leben so toll werden, wie Sie auf Facebook vorgeben, dass es bereits ist.«

Mein Chef zu mir nach Beendigung meiner Trainee-Zeit.

- - - - - - - - - - - - - - - -

»Unter uns, der Job war einfach viel zu gut für Sie.«

Nette Worte zum Abschied. Gut, dass das nun auch geklärt ist.

- - - - - - - - - - - - - - - -

»Nennen Sie mich naiv, verblendet oder realitätsfremd – aber ich glaube noch an die Intelligenz in Ihnen.«

Mein Chef entdeckt seine romantische Ader.

»Leute wie Sie sollte es Hunderte geben – leider gibt es Tausende.«

Unser Chef weiß schon, wie man jemandem schmeichelt.

– – – – – – – – – – – – – – – –

»Oh, Sie sind also eine Feministin … das ist ja sooo süß!«

Mein Chef, als ich ihn wegen seiner sexistischen Bemerkungen zur Rede stellen wollte.

– – – – – – – – – – – – – – –

»Ihre extreme Dummheit macht Sie äußerst liebenswürdig.«

Geht doch. Mein Chef kann auch nett.

»Sie sind der positivste Mensch, der mir je begegnet ist. Ich kenne wahrlich niemanden, der die ganze negative Scheiße so anzieht wie Sie.«

Hervorragend: Mein Chef kann einen so richtig aufbauen.

- - - - - - - - - - - - - - - -

Chef: »Wo ist denn Ihre neue Kollegin?«
Ich: »Welche? Wir haben doch zwei neue bekommen.«
Chef: »Etwa so alt wie Sie, auch blonde Haare – nur hübscher ...«

Mein Chef, der Schmeichler.

- - - - - - - - - - - - - - -

»Der Typ, der Ihnen geraten hat, immer Sie selbst zu sein – er hätte Ihnen keinen beschisseneren Rat geben können.«

Sei immer Du selbst ... nur nicht beim Chef.

»Seien Sie doch froh, dass es kalt ist in Ihrem Büro. Für Sommerkleidung sind Sie eh zu fett.«

Als die Büroheizung im Winter ausfiel.

- - - - - - - - - - - - - - - - -

»Ich denke, Sie sind ein harmloser Trottel, aber ich will ganz offen sein, nicht jeder denkt so positiv über Sie.«

Mein Abteilungsleiter erwartete wohl, dass ich ihm
für diesen Tipp noch dankbar war.

- - - - - - - - - - - - - - - - -

»Aber genau das macht Sie doch so erfolgreich: dieses niedliche Aussehen und dann dieser Nuttencharme!«

Als ich mich beim Boss über die zunehmenden
sexistischen Bemerkungen der Kunden beschwerte.

»Ihr Rock ist viel zu freizügig! Sehr gute Arbeit.
Machen Sie so weiter.«

Schön, dass meine Fachkompetenz
Anerkennung findet.

– – – – – – – – – – – – – – – –

»Sagen Sie mal, Fräulein, ist der Fahrstuhl enger
geworden, oder sind Ihre Brüste gewachsen?«

Dieser Spruch brachte unserem Abteilungsleiter
sowohl ungläubige Blicke als auch ein
Disziplinarverfahren ein.

– – – – – – – – – – – – – – –

»Sie sind die einzige Frau hier, bei der ich keine
anzüglichen Bemerkungen gemacht habe … und das
sollte Ihnen wirklich zu denken geben.«

Denkanstoß meines Chefs, der mich zum freiwilligen
Abgang bewogen hat.

Ich: »Entschuldigen Sie, dass ich mich verspätet habe. Aber ich musste vor dem anstehenden Kundentermin noch in den Beautysalon.«

Boss: »Ach, und warum sind Sie nicht drangekommen?«

> *Schönheit liegt im Auge des Betrachters –*
> *nur nicht in dem meines Chefs.*

– – – – – – – – – – – – – – – –

»Sie eignen sich für diesen Job wie ein Kaktus zum Arschabwischen.«

> *Autsch. Sticheln und Stechen kann mein Chef*
> *wie kein Zweiter.*

– – – – – – – – – – – – – – – –

»Ich kann Ihnen nicht kündigen. Dafür lache ich zu gern über Ihr beschissenes Leben.«

> *Als ich meinen Chef bat,*
> *mir die Kündigung auszusprechen.*

»Ich bin nicht wirklich besser als Sie – nur bin ich einfach nicht so extrem scheiße wie die meisten hier.«

Unser neu ernannter Teamleiter
begründet seine Beförderung.

- - - - - - - - - - - - - - - -

»Ich schätze Ihre schnelle Auffassungsgabe.
Sie wissen jetzt schon, wie armselig Ihr Leben ohne diesen Job sein wird.«

Anerkennende Worte meines Chefs bei der
Überreichung der zweiten Abmahnung.

- - - - - - - - - - - - - - - -

Ich: »Wissen Sie, warum Sie nie Ordnung in Ihr Team bringen werden? Weil Sie keinen Arsch in der Hose haben!«
Chef: »Zumindest hab ich ihn nicht auf meinen Schultern.«

Mein Vier-Augen-Gespräch mit dem Vertriebsleiter.
Mein letztes.

Personalchef: »Wo hat er das denn her?«
Ich: »Was? Das Zeugnis?«
Personalchef: »Nein, das dämliche Gesicht.«

*Die entscheidende Frage des Personalchefs
zu einer eingegangenen Bewerbungsmappe.*

- - - - - - - - - - - - - - - - -

Ich: »Welche Qualifikationen hat er, die ich nicht
habe?«
Boss: »Wollen Sie es in alphabetischer Reihen-
folge?«

*Ich kann es nicht glauben, dass mein Kollege
zum Abteilungsleiter gemacht wurde.*

- - - - - - - - - - - - - - - - -

»Sie erinnern mich ein wenig an die Piraten-Partei.
Jeder mag Sie, obwohl Sie nichts können.«

*Für den Spruch hab ich mir erst mal Musik
runtergeladen. Illegal. In der Firma.*

»Warum ich Sie nicht beim Firmenlauf dabeihaben
will? Weil das Sportlichste an Ihnen Ihr Eisprung
ist!«

Und dabei habe ich drei Monate darauf hintrainiert.

– – – – – – – – – – – – – – – –

»Es wundert mich schon sehr, dass Sie noch Single
sind, obwohl Sie so witzig sein können … nun ja,
aber augenscheinlich auch ziemlich hässlich.«

Unschön: Small-Talk mit meinem Boss
auf der Betriebsfeier.

– – – – – – – – – – – – – – –

»Sie sind extrem wichtig für diese Firma und
vor allem für mich! Immer wenn wir beide einer
Meinung sind, weiß ich, dass ich einen Denkfehler
mache.«

Ein Kompliment vom Boss? Denkste!

Boss: »Wissen Sie, was ich wirklich an Ihnen schätze?«
Ich: »Nein, keine Ahnung.«
Boss: »Ich auch nicht.«

Lob von meinem Chef: Wäre auch zu schön gewesen.

- - - - - - - - - - - - - - - -

»Mit Ihnen zusammenzuarbeiten ist wie Schaukeln. Es geht auf und ab. Ich bin zwar beschäftigt, aber komme kein bisschen weiter.«

Vielleicht kämen wir ja weiter, wenn mein Chef mitschaukeln und nicht dauernd bremsen würde.

- - - - - - - - - - - - - - -

»Es ist wirklich selten, dass ein Mitarbeiter während eines Meetings auch mal seine eigene Meinung äußert und mir widerspricht. Allerdings akzeptiere ich keine zweite Meinung. Ich werde es aber positiv in Ihrem Arbeitszeugnis erwähnen.«

*Die feine Art meines Chefs,
seine Mitarbeiter mundtot zu machen.*

»Ich vergesse nie einen Mitarbeiter und was er für die Firma geleistet hat. Aber bei Ihnen will ich mal eine Ausnahme machen.«

Zum Abschied gab es noch ein paar Worte der Wertschätzung vom Senior-Chef.

- - - - - - - - - - - - - - - -

»Das Ergebnis ist ja jetzt nicht ganz so unglaublich scheiße, wie anfangs angenommen.«

Wir üben uns in konstruktivem Feedback.

- - - - - - - - - - - - - - - -

»Natürlich können Sie eine eigene Meinung haben. Warum sollten Sie sich nicht irren dürfen?!«

Jeder, der eine andere Meinung hat als mein Chef, liegt falsch.

»Sie sind wirklich hochtalentiert. Ich kenne niemanden, der mittelmäßige Arbeit besser macht als Sie. Es wäre unverantwortlich, Sie aus Ihrer Position herauszunehmen und zu befördern.«

Mein Beförderungsgespräch.
Oder: Talentfrei ist manchmal besser.

- - - - - - - - - - - - - - - -

Ich: »Der Teufel soll Sie holen!«
Boss: »Halten Sie meine Sekretärin da raus!«

Selbst wenn die Hölle zufriert,
mein Boss hat einen Konter parat.

- - - - - - - - - - - - - - - -

»Sie müssen mir wirklich nicht helfen. Ich verlange nur, dass Sie mir nicht im Weg stehen. Das ist bei Ihrem Können Hilfe genug.«

Wenn mein Chef einmal in Fahrt ist,
dann hat es sich mit der Höflichkeit erledigt.

Der Tyrann

Wer unter diesem Cheftypen knechten muss, der geht täglich durch ein Tal der Tränen. Zuckerbrot und Peitsche sind favorisierte Mittel seiner Schreckensherrschaft. Hinter seiner Willkür steckt eiskaltes Kalkül. Er tadelt öffentlich. Wenn er lobt, dann nur unter vier Augen. Während er sich auf einen Sockel hebt, macht er seine Mitarbeiter klitzeklein. Beruflich ist er erfolgreich, privat ein emotionsloser Arbeitsroboter. Wer ihm Widerstand leistet, verliert. Hier hilft nur, das Weite zu suchen.

»Die Römer haben ihr Reich nicht durch Meetings
erschaffen, sondern dadurch, dass sie alle töteten,
die gegen sie waren!«

Ausraster meines Vertriebschefs, als ich sein neues
Konzept in Frage stellte.

- - - - - - - - - - - - - - - -

»Unser Praktikant wollte gestern vor mir Feierabend
machen. Wir haben beide gelacht.«

Beim Mittagessen. Chef lässt den gestrigen Tag Revue
passieren.

- - - - - - - - - - - - - - -

»Ich beglückwünsche Sie zum Traineeship. Auf Sie
warten schon jede Menge spannender Aufgaben.
Und jetzt holen Sie mir einen Kaffee.«

Anweisung des Geschäftsführers an meinem ersten
Arbeitstag. Was für eine Verantwortung.

»Viele von Ihnen scheinen als Kinder nicht hart und oft genug geschlagen worden zu sein. Ich werde dieses Defizit korrigieren.«

Was für ein Kindergarten! Pädagogisch wertvolle Äußerung meines Chefs.

– – – – – – – – – – – – – – – –

»Ich werde Ihnen noch richtiges Multitasking beibringen. Unter mir werden Sie arbeiten und dabei weinen.«

Unser Chef nimmt sich lautstark seine neue und überforderte Sekretärin vor.

– – – – – – – – – – – – – – – –

»Wer nicht über meine Witze lacht, ist auch nicht loyal.«

Kein Scherz: Das ist das Einstellungskriterium meines Personalchefs.

»Elternzeit bei Männern?! Dagegen muss man doch rechtlich vorgehen können!«

Mein Boss zu meinem Elternzeitantrag während
des Management-Meetings.

— — — — — — — — — — — — — — — —

»Haben Sie irgendwelche schlechten Angewohnheiten: Unpünktlichkeit, Unstrukturiertheit, Monogamie?«

Bei einem Bewerbungsgespräch für den Job
als Chefsekretärin.

— — — — — — — — — — — — — —

»Ich beurteile die Bewerber nicht nach dem Äußeren. Oft reicht mir schon der Name.«

Ein Personalchef erklärt seine Auswahlkriterien
für neue Bewerber.

»Fragen Sie, wen Sie möchten – unser Betriebsklima ist hervorragend. Jeder kann hier tun, was ich sage.«

Beim Bewerbungsgespräch präsentiert mir der Geschäftsführer sein Unternehmen – und seine Meinung.

– – – – – – – – – – – – – – – –

»Nur weil Sie heute mal ein ähnlich teures Jackett tragen wie ich, brauchen Sie nicht zu glauben, dass Sie auch ähnlich viel zu sagen haben.«

Kleider machen Leute. Wenn das stimmt, dann war das ein Arschloch-Jackett.

– – – – – – – – – – – – – – – –

Boss: »Ich brauche von Ihnen einen schriftlichen Statusreport zu allen laufenden Projekten.«
Ich: »Reicht es, wenn ich ihn morgen abliefere?«
Boss: »Wenn ich ihn morgen wollte, dann hätte ich Sie morgen damit beauftragt!«

Ich glaube, mein Chef hat das mit dem Just-in-time etwas falsch verstanden.

»Wenn Sie wenigstens hübsch wären, dann könnten Sie sich bei mir hochschlafen. Aber so wird das nix mit einer Karriere.«

Nicht mal für den Vorsitz im Vorstand würde ich mit dem Ekel etwas anfangen.

— — — — — — — — — — — — — —

»Wollte nur mal kurz Hallo sagen und nachschauen, wie Sie mit dem Nichtbeantworten meiner Anrufe vorankommen.«

Sarkasmus? Kann mein Chef gut.

— — — — — — — — — — — — —

»Geben Sie mir bitte umgehend Bescheid, wenn Sie wieder erreichbar sind, damit ich sicherstellen kann, dass ich beschäftigt bin.«

Gut, dass ich mich mit meinem Boss so gut verstehe.

»Wir müssen uns über den Einfluss unterhalten,
den Sie auf die Herrentoilette ausüben.«

Der Chef bittet mich höflich um
ein klärendes Gespräch.

– – – – – – – – – – – – – – – –

»Stellen Sie bitte sicher, dass Sie für ein Telefonat
erreichbar sind, wenn mir bei der Autofahrt lang-
weilig wird.«

Anweisung meines Vertriebschefs, bevor er zu seiner
Roadshow aufbrach.

– – – – – – – – – – – – – – –

»Riechen Sie das auch? Ich hoffe doch sehr, Sie sind
in Hundescheiße getreten?!«

Reaktion meines Chefs, als ich mein neues
Markenparfüm aufgetragen hatte.

»Ihr offensichtliches Unvermögen, Ihren Job zu machen, stellt mich vor diese eine Frage: Wen vögeln Sie, damit Sie ihn behalten?«

Frage meines Teamleiters, die eine Backpfeife zur Antwort hatte.

– – – – – – – – – – – – – – – –

»Ich werde gleich einen Kunden durch unsere Firma führen und ihm die einzelnen Abteilungen samt Mitarbeiter vorstellen. Seien Sie doch so gut, und machen Sie so lange Pause, Sie passen mit Ihrem Gesicht nicht so recht ins Bild.«

Kann das daran liegen, dass ich die letzten zwei Nächte durcharbeiten durfte???

– – – – – – – – – – – – – – –

»Sie haben in den letzten Wochen dermaßen hart gearbeitet, dass ich Sie nicht stören wollte. Ich befürchte nur, Sie haben nicht mal mitbekommen, dass ich Sie gekündigt habe.«

Das war mein Lohn für die übermenschliche Anstrengung.

»Wenn Sie Ihren Job besonders gut machen, weiterhin hart und lange arbeiten, dann sehe ich gute Chancen, dass Sie eine höhere Position bekommen – in einem anderen Unternehmen.«

Mein Chef erklärt mir die Konsequenzen,
welche mit meiner Beförderung einhergehen.

- - - - - - - - - - - - - - -

Ich: »Morgen ist die Beerdigung meiner Großmutter. Kann ich bitte einen Tag Urlaub bekommen?«
Chef: »Ja, aber nehmen Sie ein paar Flyer mit.«

Unterirdisch: Mein Chef zeigt Mitgefühl.

- - - - - - - - - - - - - - -

Boss: »Haben Sie schon mal darüber nachgedacht, welche Jobs es für Sie außerhalb dieser Firma gibt?«
Ich: »Nein…«
Boss: »Ich aber.«

Ein Warnschuss in meine Richtung… schön
durch die Blume.

»Was heißt hier Sexismus? Haben Sie wirklich geglaubt, dass ich Sie wegen Ihrer fachlichen Fähigkeiten eingestellt habe?«

Weshalb wurde ich denn sonst eingestellt?

– – – – – – – – – – – – – – –

Ich: »Tut es Ihnen denn gar nicht leid, 15 Mitarbeiter auf die Straße gesetzt zu haben?«
Boss: »Diesen Gefühlskram habe ich outgesourct.«

Nachdem der Chef die Hälfte der Entwicklungsabteilung wegrationalisiert hatte.

– – – – – – – – – – – – – –

»Die Tatsache, dass ich Ihnen auf Twitter folge, Sie mir aber nicht, lässt mich ernsthaft an Ihrem Interesse zweifeln – und es zeigt mir, dass Sie nicht wirklich bereit sind, Engagement für unser Unternehmen zu zeigen.«

Mein Boss zwitschert mir einen.

»Das ist wie ein Kindergarten hier. Jeder kommt mit jedem Kleinscheiß an und moppert, dass man ihm sein Förmchen gestohlen hat.«

Mein neuer Abteilungsleiter auf die Frage,
ob er sich gut eingelebt habe.

– – – – – – – – – – – – – – – –

»Erlauben Sie mir, Sie jetzt durch den Menstruations-zyklus zu führen.«

Beim Rundgang stellt mein Boss mir das Call-Center
vor, dessen Belegschaft ausschließlich
aus Frauen besteht.

– – – – – – – – – – – – – – –

»Ich brauche eine neue Sekretärin. Die Alte ist kaputt.«

Anweisung des Chefs an mich, nachdem er seine
Sekretärin in den Burn-out getrieben hat.

Chef: »Ist Ihr Kollege ohne seinen Laptop ins Wochenende?«
Ich: »Ja … natürlich.«
Chef: »Mist! Dann wird er Samstag und Sonntag ja gar nicht arbeiten.«

Für unseren Chef endet die Arbeitswoche nicht am Freitag. Sie endet nie!

- - - - - - - - - - - - - - - -

»Hatten Sie gestern einen Termin außer Haus? Es hat alles so reibungslos funktioniert hier.«

Nach diesem Spruch gab's ordentlich Reibung zwischen mir und meinem Chef.

- - - - - - - - - - - - - - -

Ich: »Das Wetter ist heute wunderbar.«
Chef: »Danke. Gern geschehen.«

Wann ist es Selbstbewusstsein? Wann Größenwahn?

Boss: »Was in aller Welt ist das?!«
Ich: »Ein Salat für Sie.«
Boss: »Denken Sie wirklich, ich hab mich an
die Spitze der Nahrungskette gekämpft, um jetzt
Vegetarier zu sein?! Bringen Sie mir gefälligst was
Ordentliches zu essen, bevor ich Sie frühstücke.«

Als Sekretärin servierte ich meinem Boss
einen gesunden Salat.

– – – – – – – – – – – – – – – –

»Mein Vorgänger hat Sie vielleicht alle noch
aufs Töpfchen gehoben, aber jetzt hat es sich
ausgeschissen.«

Nach der Antrittsrede des neuen Chefs hatten
viele die Hosen voll.

– – – – – – – – – – – – – – –

Ich: »Wie möchten Sie Ihren Kaffee?«
Boss: »Ohne Ihr Gelaber.«

In der Ruhe liegt der Sekretärinnen Kraft…

Boss: »Ich brauche beide Kundenpräsentationen, die Leistungsbeschreibungen und Angebote in Deutsch und Englisch bis heute Abend 17:30 Uhr auf meinem Tisch. Bekommen Sie das hin?«

Ich: »So Gott will.«

Boss: »JA, ICH WILL!«

Allmächtiger!

- - - - - - - - - - - - - - - -

»Wenn Gott gewollt hätte, dass ich mit Argumenten überzeuge, hätte er mir keine Mittelfinger geschenkt.«

Als ich meinen Chef bat, seine Entscheidung zu begründen.

- - - - - - - - - - - - - - - -

Ich: »Der gestrige Tag wird mir noch lange in Erinnerung bleiben.«

Boss: »Ach ja, waren Sie ausnahmsweise nüchtern?«

Als ich meinem Boss vom erfolgreichen Kundentermin erzählte.

»Natürlich würde ich Sie gerne persönlich treffen.
Die Frage ist nur: Womit?«

Boss auf meine Frage, ob wir außerhalb der Arbeit
mal unter vier Augen reden könnten.

– – – – – – – – – – – – – – – –

»Tun Sie mal was Sinnvolles, und fragen Sie bei der
IHK nach, wie viele Stunden zwischen Ihren drei
Abmahnungen liegen müssen.«

Meinem Chef konnte meine Entlassung gar nicht
schnell genug gehen.

– – – – – – – – – – – – – – – –

»Keine Sorge, ich bin nicht nachtragend. Ich hoffe
nur, dass Sie während Ihrer nächsten Periode in ein
Haifischbecken fallen.«

Als ich meinen Chef fragte, ob er mir meinen
Fauxpas verzeihen könne.

Boss: »Für einen Firmenwagen würden Sie doch Ihre eigene Mutter töten.«
Ich: »Wie bitte?!? Ich hab noch nicht mal einen Führerschein.«
Boss: »Das macht es nur noch schlimmer, Sie Freak.«

Mein Boss beschuldigte mich, einen Kollegen gemobbt zu haben, um an dessen Firmenwagen zu kommen.

– – – – – – – – – – – – – – – –

»Was hab ich der Personalabteilung getan, dass mir diese jemanden wie Sie anschleppt?«

So was muss man sich bei uns anhören – wenn der Kaffee nicht Punkt neun fertig ist.

– – – – – – – – – – – – – – –

»Natürlich schätze ich Ihre Meinung. Nur eben wesentlich weniger als die meine … Also, noch mal für Sie zum besseren Verständnis: mein Meetingraum – meine Meinung!«

Alle Meinungen sind gleich. Einige sind gleicher.

»Was ist denn los mit Ihnen? Sie sehen ja plötzlich so blass aus …!?«

Mein Chef zu einem farbigen Mitarbeiter.

– – – – – – – – – – – – – – – – –

»Es ist unglaublich, dass Sie die Natur so lieben – trotz dem, was sie aus Ihnen gemacht hat.«

Mein Chef, nachdem ich ihn darauf aufmerksam gemacht habe, dass er seine Zigarette nicht in die Wiese werfen soll.

– – – – – – – – – – – – – – – –

»Gehen Sie weiter in Ihrem Malbuch lesen.«

Mein Chef zu meinem Faible für Management-Lektüre.

Chef: »Warum ist Ihr Kollege nicht an seinem Arbeitsplatz?«
Ich: »Er hatte doch einen schweren Autounfall und liegt im Krankenhaus.«
Chef: »Hat der ein Glück. Heißt wohl, ich kann ihm jetzt noch nicht kündigen.«

Glück im Unglück... vorerst.

— — — — — — — — — — — — — — — — —

»Ich würde Ihnen am liebsten sagen, dass Sie zur Hölle fahren sollen – aber hey, Sie arbeiten ja dort.«

Mein Boss – der Leibhaftige. Recht hat er. Leider.

— — — — — — — — — — — — — — —

»Der Unterschied zwischen mir und dem Papst ist, dass der Papst von Ihnen lediglich erwartet, seinen Ring zu küssen.«

Oh Gott, mein Boss ist größenwahnsinnig!

Ich: »Wow, und Sie wollen in diesen High Heels wirklich zum Kundentermin gehen?«

Chefin: »Gehen? Nein. Die sind nur fürs Bett.«

Unsere Chefin entpackt vor uns Vertrieblern ihre Louboutins mit gefühlten 20 cm Absätzen.

Der Ratgeber

Der Ratgeber müsste an seinen Worten gemessen mindestens hundert Jahre alt sein. Ungefragt schmeißt er Lebensweisheiten und Ratschläge wie Konfetti in die ahnungslose Menge seiner Mitarbeiter. Wen er zu fassen bekommt, der darf sich erst mal anhören, was dieser Chef alles erfunden und geleistet hat. Er ist ein rhetorischer Blutegel, der seine Zuhörer erst volllabert und dann aussaugt. Hilfreich ist das Ganze natürlich nicht. Aber, hey, er meint's ja nur gut.

»Fehler zu machen und sich zu irren ist menschlich. Doch es anderen in die Schuhe zu schieben zeigt echte Führungsqualität.«

— — — — — — — — — — — — — — — —

»Kritisieren Sie immer vor versammelter Belegschaft. Loben Sie nur unter vier Augen.«

— — — — — — — — — — — — — — —

»Nicht auf den Boden spucken! Es gibt genug Kollegen, die es ins Gesicht verdient haben.«

»Sagen Sie mir zuerst, was Sie an Budget benötigen.
Dann sage ich Ihnen, wie Sie ohne auskommen.«

Präsentation der neuen Marketingmaßnahmen
beim Geschäftsführer.

- - - - - - - - - - - - - - - -

»Warum machen Sie nicht mal was anderes mit Ihren
Haaren?! So etwas wie Waschen.«

Mein Chef versucht sich bei mir als Styleberater.
Beruf verfehlt!

- - - - - - - - - - - - - - - -

»Sie wären wesentlich effizienter, wenn Sie an Ihrem
Bürotisch heulen, statt dafür immer in die Toilette zu
rennen.«

Rührende Fürsorge: Boss zu seiner Sekretärin.

»Sie sollten in Zukunft nur Jobs annehmen, die mit dem Wort Phantasie beginnen.«

Leider Realität: Mein finales Gespräch mit dem Chef.

– – – – – – – – – – – – – – –

»Wollen Sie mal ein richtiger Entwickler werden oder ewig ein blöder Lochkartenstanzer aus dem Osten bleiben?«

*Mein Chef und seine Vorstellung
von Entwicklungshilfe.*

– – – – – – – – – – – – – –

»Wenn ihr nicht tippen könnt, müsst ihr bei Aldi an der Kasse sitzen. Die haben einen Scanner!«

*Kurz nach einer Messe erkundigt sich unser Chef,
ob alle Kontakte eingetippt sind. Waren sie nicht.*

»Es ist überhaupt keine Schande arbeitslos zu sein –
solange Sie nicht aus dem Haus gehen.«

Aufmunternde Worte meines Chefs,
nachdem er mir gekündigt hatte.

– – – – – – – – – – – – – – – –

»Alles Gute für die Zukunft, und halten Sie weiterhin
an Ihren Träumen fest, die Sie nie hatten.«

Chefworte voller Romantik bei meinem Abschied
nach fünf Jahren.

– – – – – – – – – – – – – – –

»Jetzt gehen Sie mal los, setzen sich an Ihren Rechner, rufen die Wikipedia-Seite auf und suchen nach
Inkompetenz – und dann berichten Sie mir in zehn
Minuten, was Sie darüber gelesen haben und was das
mit Ihnen zu tun hat.«

In meiner dritten Praktikumswoche bekam ich
den ganzen Charme meines Chefs zu spüren.

»Unsere Vertriebsassistenten freuen sich, Ihnen beizubringen, wie Sie mit einem solch beschissenen Gehalt leben können.«

Gehaltserhöhung abgelehnt.
Mein Personalleiter zeigt mir eine Alternative auf.

- - - - - - - - - - - - - - - -

»Jedes Mal, wenn ich hier vorbeikomme, haben Sie irgendwas zu essen vor sich stehen. Bewerben Sie sich doch mal bei diesem Rach. Sie passen da perfekt ins Anforderungsprofil – viel mit Essen zu tun und keine Perspektive.«

Meine tägliche Müslischale: gut für die Gesundheit,
schlecht für die Karriere.

- - - - - - - - - - - - - - -

»Hey, ziehen Sie doch nicht so ein Gesicht! Wem die Scheiße bis zum Hals steht, der sollte den Kopf nicht hängen lassen.«

Reaktion meines Teamleiters auf meine
zweite Abmahnung.

»Aufregen bringt nichts. Wenn Sie Ihren Mitarbeiter loswerden wollen, dann machen Sie es, wie es Pakistan mit Bin Laden gemacht hat: Einfach seine Existenz ignorieren.«

Ratschlag meines Personalchefs, als ich mich bei ihm über die miserablen Arbeitsleistungen eines Mitarbeiters beschwerte.

– – – – – – – – – – – – – – – –

Boss: »Wenn Sie es in diesem Unternehmen noch zu etwas bringen wollen, dann müssen Sie sich besser fokussieren.«
Ich: »Worauf fokussieren?«
Boss: »Darauf, mir in den Hintern zu kriechen.«

Hintenrum zum Erfolg. Karrieretipp meines Chefs.

Chef: »Mit wem haben Sie gerade telefoniert?!«
Ich: »Mit meiner Frau. Sie liegt mit hohem Fieber im Bett, und niemand kann auf die Kinder aufpassen.«
Chef: »Jetzt passen Sie mal gut auf. Wenn Sie noch einmal hier ein privates Telefongespräch führen, dann verlege ich Ihre Homezone zum Arbeitsamt!«

Notfall in der Familie: Ich musste das tägliche Meeting kurz verlassen.

- - - - - - - - - - - - - - - -

»Ihre Chancen, direkt wieder einen neuen Job zu finden, stehen sehr gut – vorausgesetzt, es gibt einen Meteoriteneinschlag, der zwei Drittel der Erdbevölkerung auslöscht.«

Motivierende Worte meines Chefs, nachdem er mir die Kündigung ausgesprochen hatte.

»Ich gebe Ihnen jetzt einen unbezahlbaren Tipp, wie Sie Ihre Mitarbeiter erfolgreich führen: Egal, wie dumm die sind, egal, wie sehr die Sie stressen, egal, was die von Ihnen verlangen – bleiben Sie gelassen. Lächeln Sie einfach … denn Sie können die nicht alle töten.«

Chill & Kill. Der Management-Tipp
des scheidenden Senior-Chefs.

– – – – – – – – – – – – – – – – –

»Haben Sie eigentlich eine Berufsunfähigkeitsversicherung? Denn wenn man sieht, wie Sie sich hier Tag für Tag präsentieren, müsste jede Versicherung Ihre Unfähigkeit anerkennen.«

Hätten meine Kollegen mich nicht zurückgehalten,
hätte mein Chef seine Berufsunfähigkeitsversicherung
in Anspruch nehmen müssen.

»Betrachten Sie mich bitte nicht als Ihren Boss.
Sehen Sie mich als Ihren Freund, der immer recht
hat.«

Wer meinen Boss zum Freund hat,
der braucht keine Feinde.

- - - - - - - - - - - - - - - -

»Manchmal ist es besser, dass Sie sich einfach
als Idiot beschimpfen lassen, bevor Sie den Mund
aufmachen und mir noch Beweise liefern.«

Nur zu meinem Besten: Mein Chef erläutert mir
den Grund seiner Beleidigung.

- - - - - - - - - - - - - - - -

»Ich denke, beim nächsten Mal klappt es bestimmt
mit einem Job. Seien Sie einfach ganz wer anderes.«

Nach dem Bewerbungsgespräch gab mir der
Personalleiter noch einen gut gemeinten Ratschlag.

»Bei Stress hilft Ihnen ein Bad mit Totes-Meer-Salz ... oder ein Bad mit Fön.«

Als ich meinem Chef sagte, dass ich absolut überarbeitet und kurz vorm Burn-out bin.

– – – – – – – – – – – – – – – –

Boss: »Wohin gehen Sie alle?«
Ich: »Zu Mittag.«
Boss: »Zeitverschwendung! Können Sie nicht mal wie normale Menschen vor dem PC essen.«

Effizienz und Zeitmanagement à la Chef.

– – – – – – – – – – – – – – – –

»Das Geheimnis meines Erfolges? Ich arbeite mit viel asozialer Kompetenz.«

Emotionale Intelligenz, interpretiert von meinem Boss.

Mitarbeiterin: »Erklären Sie mir die Fußballregeln?«
Boss: »Da gibt es nur eine.«
Mitarbeiterin: »Welche?«
Boss: »Laufen Sie mir während des Spiels nie wieder durchs Bild!«

Teambildungsmaßnahme: Ein gemeinsamer Fußball-Fernsehabend in der Firma.

– – – – – – – – – – – – – – – –

»Ihr Job ist ja bloß die ersten 30 Jahre scheiße.«

Mein Chef versucht, mich aufzubauen, nachdem ich meinen Unmut über meine Arbeit bekundet habe.

– – – – – – – – – – – – – – – –

»Wer ausrastet, der rostet nicht.«

Das erklärt alles: Mantra unseres 69-jährigen Chefs.

Ich: »Nach dieser Marathonpräsentation habe ich einen total trockenen Mund.«

Boss: »Vielleicht sollten Sie in Zukunft die ganze Tube Vagisan aufessen.«

Mein Chef und sein trockener Humor. Widerlich!

— — — — — — — — — — — — — — —

»Ich denke, mit Ihrem Können werden Sie sich schneller ein neues Kind besorgen können als einen neuen Job.«

Dabei wollte ich doch nur einen Tag Urlaub, um mit meinem Kind zum Arzt zu gehen.

— — — — — — — — — — — — — — —

Kollegin: »Wenn ich dies alles schaffen soll, brauche ich Google im Gehirn und einen Anti-Virus für mein Herz.«

Chef: »Und was ist mit Photoshop fürs Gesicht?«

Vielleicht hätte ich meinem Chef mal den Papierkorb für sein dummes Gelaber empfehlen sollen.

»Wenn Ihnen der Druck zu groß wird, dann gehen Sie halt mal auf Toilette.«

Rat meines Abteilungsleiters, um Druck abzulassen – na ja, ich meinte was anderes.

– – – – – – – – – – – – – – – –

Ich: »So, ich geh jetzt noch zum Sport. Muss wieder in Form kommen.«
Boss: »Wie nennt sich die Form? Kartoffel?«

Dabei sieht mein Chef selbst aus wie ein Spargeltarzan.

– – – – – – – – – – – – – – –

»Machen Sie ein Blamestorming. Kommen Sie wieder, wenn Sie jemand Geeignetes gefunden haben.«

O-Ton meines Bosses, nachdem sich niemand für das Scheitern des Projektes verantwortlich gefühlt hatte.

»Ihre Leistungen als Vertriebsmitarbeiter sind so schlecht, dass selbst Xing mich nun auffordert, Ihnen Kontakte zu empfehlen!«

Mein Chef über meinen holprigen Start und
die ausbaufähige Bilanz des Vertriebsjahres.

– – – – – – – – – – – – – – – –

»In Deutschland gibt es fünf Millionen Arbeits-lose, und einem davon haben Sie gerade berechtigte Hoffnung gemacht, dass sich sein Status bald ändern könnte.«

Durch die Blume. Mein Filialleiter lässt sich
über meine Arbeitsleistung aus.

– – – – – – – – – – – – – – –

»Es gibt zwei Arten von Mitarbeitern: Erstens die Mitarbeiter, die alles ihrem Job unterordnen. Und zweitens die Mitarbeiter, die hier nicht mehr arbeiten.«

Mein Chef auf meine Bitte, früher nach Hause gehen
zu dürfen, da meine Kinder krank waren.

»Wenn ich Sie nicht unterbreche, dann höre ich Ihnen höchstwahrscheinlich auch nicht zu.«

Boss auf meine Frage, wie ihm meine Präsentation gefallen hat.

— — — — — — — — — — — — — — —

»Ich möchte, dass Sie noch mal in sich gehen und dort bleiben!«

Anerkennende Worte meines Chefs, als ich ihm meine Kampagnenideen vorstellte.

— — — — — — — — — — — — — — —

»Wenn Sie so weiterarbeiten, können Sie laut meinen Berechnungen fünf Jahre nach Ihrem Tod in Rente gehen.«

Und das ist die Anerkennung für all die Überstunden!

»Ich werde Sie auf die Straße setzen und dafür sorgen, dass Sie alles verlieren bis auf Ihre Nuttenstiefel, denn die werden Sie brauchen, wenn Sie nicht verhungern wollen.«

Das Einzige, was ich verloren habe, ist dieses Charakterschwein von Chef.

Der Egoist

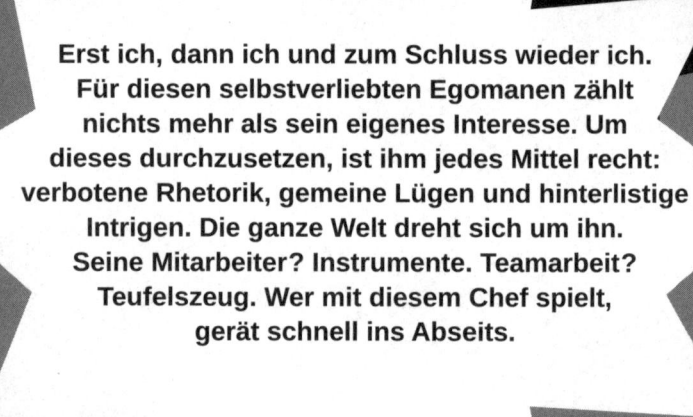

Erst ich, dann ich und zum Schluss wieder ich. Für diesen selbstverliebten Egomanen zählt nichts mehr als sein eigenes Interesse. Um dieses durchzusetzen, ist ihm jedes Mittel recht: verbotene Rhetorik, gemeine Lügen und hinterlistige Intrigen. Die ganze Welt dreht sich um ihn. Seine Mitarbeiter? Instrumente. Teamarbeit? Teufelszeug. Wer mit diesem Chef spielt, gerät schnell ins Abseits.

»Wenn Sie ein Problem mit mir haben, dann behalten Sie es bitte für sich. Ist ja schließlich Ihres.«

Mein Boss auf meine Bitte um ein klärendes Gespräch.

— - — - — - — - — - — - — - — -

»Wenn ich Ihre Meinung hören will, dann werde ich sie Ihnen mitteilen.«

Mein Boss hat sehr eigene Ansichten bezüglich freier Meinungsäußerung.

— - — - — - — - — - — - — - —

»Natürlich sollen Sie Ihre Meinung artikulieren – nur nicht bei mir.«

Mein Boss auf meine Frage, ob ich offen meine Meinung sagen könne.

»Sie wissen, dass wir diesen Kunden unbedingt brauchen. Sie müssen jetzt 110 Prozent geben. Wir sitzen alle in *meinem* Boot.«

Alle für einen. Einer für einen: Flammende Motivationsrede unseres Chefs.

– – – – – – – – – – – – – – – –

»Es liegt nicht an Ihnen, dass Sie gekündigt wurden. Es liegt an mir. Ich verdiene was Besseres.«

Schön, einen so einsichtigen Chef gehabt zu haben.

– – – – – – – – – – – – – – –

»Ich bin beschäftigt. Kann ich Sie ein anderes Mal ignorieren?!«

Als ich bei meinem Chef an die Tür klopfte.

»Wenn Sie nichts Nettes über Ihre Kollegen sagen können, dann werden wir beide gut miteinander klarkommen.«

Abschließende Worte meines Chefs,
als ich zum Abteilungsleiter ernannt wurde.

- - - - - - - - - - - - - - - -

Ich: »Finden Sie, ich habe zu viel Make-up für die Kundenpräsentation aufgetragen?«
Boss: »Wer sind Sie?«

Schön durch die Blume… äh… durchs Make-up.

- - - - - - - - - - - - - - -

»Ich weiß, dass es Freitag 20:00 Uhr ist. Sie müssen halt lernen, Prioritäten zu setzen, wenn Sie eine gescheite Work-Life-Balance haben wollen. Also lassen Sie alles stehen und liegen, an dem Sie gerade arbeiten, und erledigen Sie zuerst die Sachen, welche ich heute vergessen habe.«

Mein Chef verabschiedet sich ins Wochenende…
sein Wochenende!!!

Ich: »Darf ich fragen, wofür die Tabletten sind,
die Sie da immer nehmen?«
Chef: »Die sind gegen die Stimmen, die ich höre.«
Ich: »Wie bitte?«
Chef: »Die flüstern mir grausame Dinge zu … und …
sie mögen Sie nicht.«

Unheimliche Begegnung mit meinem Chef
in der Büroküche.

– – – – – – – – – – – – – – – – –

»Sie sehen aus, als könnte ich einen Drink
vertragen.«

Dankende Worte meines Chefs, nachdem ich
48 Stunden durchgearbeitet hatte. Für ihn!

– – – – – – – – – – – – – – – –

»Ich würde eher für Sie beten, statt Ihnen phy-
sisch oder mental bei der Vorstands-Präsentation
beizustehen.«

Man muss dazu sagen, dass mein Teamleiter
Atheist ist.

»Also, das, was ich Ihnen jetzt mitteilen werde,
wird mir weniger wehtun als Ihnen.«

Mein Chef offenbart mir die neue Personalplanung,
in der ich nicht mehr vorkomme.

– – – – – – – – – – – – – – – – –

»Geben Sie mit bitte Ihre Mobilnummer, damit ich
weiß, wann ich nicht rangehen brauche.«

Mein Teamleiter zu mir, bevor er in Urlaub ging.

– – – – – – – – – – – – – – – –

»Meine tiefe Traurigkeit über Ihre Entlassung wird
nur durch meine Freude getrübt, endlich Ihren
Firmenwagen und das MacBook zu bekommen.«

Mein Nachfolger auf meine Kundgebung,
als Abteilungsleiter abgesetzt und gefeuert
worden zu sein.

»Da ich nicht von Ihnen verlangen kann, zwischen den Zeilen zu lesen, will ich Sie hiermit wissen lassen, dass alle an Sie gerichteten E-Mails stets sarkastisch und despektierlich gemeint sind. Das sollte unsere Kommunikation wesentlich vereinfachen.«

Mein Chef spricht Klartext: Optimierung unserer
E-Mail-Kommunikation.

– – – – – – – – – – – – – – – – –

»Ja, ich glaube, wir sind uns bereits bekannt. Wissen Sie, seitdem ich in diesem Unternehmen die Geschäftsführung übernommen habe, befinde ich mich in einer Endlos-Déjà-vu-Schleife: Jeder, der mir begegnet, erinnert mich an jemanden, der mir bereits am Arsch vorbeigeht.«

Als ich mich beim neuen Geschäftsführer
vorstellen wollte …

»Herzlichen Glückwunsch. Ich werde Sie jetzt ins deutsche Sozialsystem befördern.«

Auf die Beförderung hätte ich gerne verzichtet.

– – – – – – – – – – – – – – – –

»Laden Sie mich nie wieder zu einem Ihrer Meetings ein. Das fällt für mich unter passive Sterbehilfe.«

Und dabei hat er mich auf ein zweiwöchiges Rhetorik-Seminar geschickt.

– – – – – – – – – – – – – – –

»Ich werde Ihnen so Feuer unter dem Hintern machen, dass Sie, selbst wenn Sie sterben und in die Hölle kommen, 'ne Woche brauchen werden, um festzustellen, dass Sie nicht mehr auf der Arbeit sind.«

Mein Boss: der Leibhaftige!

»Es ist unwichtig, dass die Leute hinter meinem Rücken reden. Im Endeffekt zählt nur, dass, wenn ich mich umdrehe, alle ihr Maul halten. ALLE!«

Das erste und letzte Mal, dass ich meinen Chef darauf aufmerksam machen wollte, dass die Mitarbeiter schlecht über ihn reden.

Boss: »Ich fühle mich geehrt über Ihre Einladung. Wann ist die Taufe Ihrer Tochter?«
Ich: »Sonntag, in vier Wochen.«
Boss: »Wirklich schade, da bin ich krank.«

Herrgott noch mal, er hätte auch einfach ganz normal absagen können.

»Ich kann täglich nur eine Person zufriedenstellen. Heute ist nicht Ihr Tag. Morgen und den Rest des Monats sieht es auch schlecht aus.«

Antwort meines Chefs auf die Frage, ob ich wegen eines Trauerfalls kurzfristig Urlaub bekommen könne.

»Ich glaube, Sie verwechseln mich mit jemandem,
den das interessiert.«

Als ich mich bei meinem Chef über die unbezahlten
Überstunden beschwerte.

- - - - - - - - - - - - - - -

»Ich arbeite hervorragend mit anderen zusammen,
wenn sie mir aus dem Weg gehen.«

Mein Teamleiter schildert seine herausragende Stärke:
Teamarbeit.

- - - - - - - - - - - - - - -

»Ich hoffe doch sehr, Sie haben meine Massen-
E-Mail zu Weihnachten nicht als aufrichtiges
Interesse an Ihnen und Ihrem Wohlbefinden
aufgefasst.«

Nachweihnachtliche Richtigstellung meines Chefs.

»Ich habe Ihre Idee nicht geklaut! Es war einzig und allein meine Idee, dem Vorstand Ihre Idee als die meine zu verkaufen.«

Und jetzt raten Sie mal, wer den Bonus bekommen hat?! Arrghh.

- - - - - - - - - - - - - - - -

»Nur, dass wir uns richtig verstehen: die Kündigung hat nichts mit Ihrer Arbeitsleistung zu tun. Es ist rein persönlich.«

Sozialkompetenz? Kennt mein Chef nicht.

- - - - - - - - - - - - - - - -

»Oh, sorry, ich muss wohl interessiert dreingeschaut haben, als Sie anfingen zu reden. War ich aber nicht!«

So schnell kann ein Gespräch mit unserem Chef beendet sein.

»Nach allem, was Sie für mich geleistet haben,
fällt es mir unheimlich schwer, Sie zu entlassen –
deshalb werde ich jemand anderes damit beauf-
tragen.«

Ich wusste doch, dass mein Chef sehr an mir hängt.

- - - - - - - - - - - - - - - -

»Finden Sie sich damit ab. Sie sind die Statue.
Ich die Taube.«

Mein Creative Director klärt die Rangordnung
innerhalb der Abteilung.

- - - - - - - - - - - - - - -

»Kommen Sie doch bitte mal in mein Büro.
Ist auch das letzte Mal.«

Das war's. Danach hat mich mein Chef entlassen.

Ich: »Ich kündige!«
Boss: »Ok. Und Sie sind?«

> *Man muss dazu sagen, dass ich seit fünf Jahren*
> *für ihn arbeite.*

– – – – – – – – – – – – – – – –

»Mein persönliches Ziel für dieses Quartal:
Von Ihnen in Ruhe gelassen werden.«

Als ich meinen Chef fragte, was denn seine Zielsetzung
für die nächsten Monate sei.

– – – – – – – – – – – – – – –

Mitarbeiter: »Ich würde gerne den Betriebswirt
machen.«
Chef: »Finde ich gut – einen Kaffee bitte!«

Mein Chef hatte mir eine Fortbildung versprochen.
Er hatte sich wohl versprochen.

»Ich weiß, dass es gravierende Defizite in der internen Kommunikation gibt. Aber das werde ich ganz sicher nicht mit meinen Mitarbeitern besprechen.«

Gut, dass wir mit unserem Chef darüber
gesprochen haben.

– – – – – – – – – – – – – – –

»Wann immer Sie das Bedürfnis haben, mit mir reden zu wollen, tun Sie sich keinen Zwang an, und sprechen Sie auf meine Mailbox.«

Ja, mein Boss hat immer ein offenes Ohr
für seine Mitarbeiter.

– – – – – – – – – – – – – – –

»Wollen Sie wirklich mich sprechen, oder doch lieber jemanden, der Ahnung hat?«

Mein Vorgesetzter auf die Bitte
um ein Personalgespräch.

»Ich bin mir bereits sicher, dass ich Sie nicht anstellen werden, aber reden Sie ruhig weiter. Wir haben noch gut 45 Minuten, die wir rumkriegen müssen bis zur Mittagspause.«

Bei meinem vorletzten Einstellungsgespräch.

- - - - - - - - - - - - - - - -

»Sie scheinen ja ein richtiger Unsympath zu sein. Das gefällt mir.«

Mit diesem Spruch war mir mein Chef gleich sympathisch.

- - - - - - - - - - - - - - - -

Ich: »Ihre Kollegen beschweren sich über Ihre ignorante Art.«
Teamleiter: »Ich habe Kollegen?«

Als ich versuchte, das Betriebsklima zu verbessern.

»Es bereitet mir fast ein wenig Freude zu sehen,
wie unfähig Sie sind.«

Hauptsache, mein Chef hat seinen Spaß.

- - - - - - - - - - - - - - - -

»Ich würde Ihnen ja gerne sagen, wann ich das letzte
Mal Sex hatte, aber die Rechnung habe ich bereits an
die Buchhaltung weitergegeben.«

Zu fortgeschrittener Stunde bei der Betriebsfeier.
Unser Chef hatte sich für »Wahrheit« entschieden.

Der Philosoph

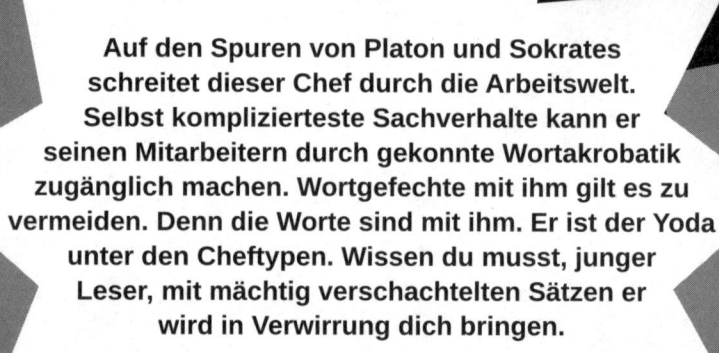

Auf den Spuren von Platon und Sokrates schreitet dieser Chef durch die Arbeitswelt. Selbst komplizierteste Sachverhalte kann er seinen Mitarbeitern durch gekonnte Wortakrobatik zugänglich machen. Wortgefechte mit ihm gilt es zu vermeiden. Denn die Worte sind mit ihm. Er ist der Yoda unter den Cheftypen. Wissen du musst, junger Leser, mit mächtig verschachtelten Sätzen er wird in Verwirrung dich bringen.

»Manche Menschen bringen Glück, wo immer sie auch hinkommen – Sie bringen Glück, wenn Sie gehen.«

Glückwünsche meines Chefs zu meiner Kündigung.

- - - - - - - - - - - - - - -

»Das Rad bewegt sich, aber der Hamster ist tot.«

Beim Einstellungsgespräch: Der Personalchef auf meine Frage, wie denn mein Abteilungsleiter so sei.

- - - - - - - - - - - - - - -

»Sie müssen verstehen, dass das eine schwere Entscheidung ist. Unser Unternehmen ist wie ein Heißluftballon. Wenn wir aufsteigen wollen, müssen wir Ballast abwerfen.«

Mein letztes Personalgespräch. Danach bin ich in die Luft gegangen.

»Sie haben nicht aus der Quelle der Erkenntnis
getrunken – Sie haben gegurgelt!«

Die Meinung meines Chefs
über meine Qualifikationen.

– – – – – – – – – – – – – – –

»Ich brauche Ihre Vorschläge wie ein Beinamputier-
ter ein Paar Schuhe.«

Schön, dass meine Verbesserungsvorschläge
beim Chef so gut ankommen.

– – – – – – – – – – – – – –

»Seien Sie vorsichtig, auf welche Füße Sie heute
treten – sie könnten mit dem Arsch verbunden sein,
den Sie morgen küssen.«

Netter Ratschlag meines Chefs,
als ich befördert wurde.

»Mein Erfolg ist wie eine Schwangerschaft. Jeder gratuliert mir, aber niemand weiß, wie viele Male ich gefickt wurde, bevor ich dort ankam.«

Mein Chef und das Geheimnis seines Erfolges.

— — — — — — — — — — — — — — — —

»Wer ein Superman-Heftchen liest, wird noch lang kein Superheld. Also packen Sie endlich Ihr Manager-Magazin zusammen, und fangen Sie an zu arbeiten.«

Mein Chef hat eine Vorliebe für Analogien. Leider.

— — — — — — — — — — — — — — —

Erfolgs-Coach: »Erfolgreiche Mitarbeiterführung beruht auf Emotionaler Intelligenz und Empathie. Versuchen Sie sich in Ihre Mitarbeiterinnen hinein-zuversetzen. Was würden Sie tun, wenn Sie für einen ganzen Tag eine Frau sein könnten?«
Chef: »Bügeln.«

Ein teurer Coach sollte dem Managementteam beibringen, das Beste aus den Angestellten rauszuholen. Mission Impossible.

Ich: »Für mich bitte nur einen Salat. Ich esse kein Fleisch.«

Boss: »Dieses ganze Fleischfrei-Getue ist meines Erachtens einfach nur verlogen. Auf dem Klo macht ihr Vegetarier auch nur Würste.«

Das war das letzte Mal, dass ich mit meinem Boss zu Tisch war.

— — — — — — — — — — — — — — — —

»Wer es nicht im Kopf hat, der hat es zwischen den Beinen.«

Mein Boss auf meine Frage, warum er die inkompetente Assistentin eingestellt hat.

— — — — — — — — — — — — — — —

»Nein, ich glaube nicht an Gott. Sehen Sie sich an.«

Mein Vorgesetzter auf meine Frage, ob er religiös sei.

»Sie können sich hoffentlich noch an Caesar erinnern. Den haben am Anfang auch alle gefeiert – am Ende wurde er von seinen Kollegen mit 23 Messerstichen niedergestreckt.«

Hinweis meines Chefs, nachdem ich in den
Personalrat gewählt worden war.

- - - - - - - - - - - - - - - -

Chef: »Kennen Sie eigentlich den Spruch ›Ende gut, alles gut‹?«
Mitarbeiter: »Ja!«
Chef: »Dann sollten Sie ihn schnellstens vergessen. Denn egal, wie dieses Projekt ausgehen wird, ich werde Ihnen das Leben zur Hölle machen.«

Chef zu mir, als ich wider Erwarten schlechte
Nachrichten zum Projektverlauf hatte.

»Die Wege des Herrn sind sehr wohl ergründbar.
Sehen Sie mich an. Er gab mir zwei gesunde Hände,
damit ich dieses Unternehmen aufbaue. Und er gab
mir diese beiden Mittelfinger, damit ich Menschen
wie Sie daran hindere, es runterzuwirtschaften.«

Geh mit Gott, aber geh. Ich ging.

– – – – – – – – – – – – – – – – –

»Bei mir kommen täglich mehr Arschlöcher rein
als bei einem Proktologen. Was wollen Sie?!?«

*Dabei sagte mein Chef mir, dass seine Tür bei Fragen
immer offen stünde. Der Arsch.*

– – – – – – – – – – – – – – – – –

»Gehaltserhöhung?! Ihre Leistungen sind unterirdisch! Das einzig Bemerkenswerte, was Sie täglich
auf der Arbeit leisten, ist, einen Liter Kaffee in einen
Liter Pisse zu verwandeln.«

Mein Chef auf meine Bitte um eine Gehaltserhöhung.

Ich: »Wie war Ihr Wochenende?«
Boss: »Hell, dunkel, hell, dunkel, Montag!
Sonst noch Fragen?!!!«

> *Montags ist er nie nett. Das hätte ich als*
> *Chefsekretärin wissen müssen.*

- - - - - - - - - - - - - - - -

»Wo gehobelt wird, da fallen Späne. Und wir arbeiten
hier nun mal mit einem ziemlich großen Hobel.«

> *Sehr feinfühlig. Unser Chef rechtfertigt den geplanten*
> *Stellenabbau.*

- - - - - - - - - - - - - - -

»Wenn Sie etwas von einer Führungspersönlichkeit
haben, dann hab ich etwas von Stevie Wonder, denn
ich sehe es einfach nicht.«

> *Als ich meinen Chef bat, mich die Marketingabteilung*
> *leiten zu lassen.*

Ich: »Sie haben mir doch mehr Gehalt versprochen, wenn Sie mit mir zufrieden sind…«

Chef: »Ja schon, aber wie soll ich mit jemandem zufrieden sein, der mehr Geld haben will?!«

Warum mehr Gehalt nicht gleich
mehr Zufriedenheit bedeutet.

– – – – – – – – – – – – – – – –

»Wow, Ihre Geschichte ist wirklich interessant. Hier ist meine: Es war einmal… interessiert mich einen Scheiß. Sie sind raus. Ende.«

Als ich meinem Chef versuchte zu erklären,
warum mir der Kunde abgesprungen ist.

– – – – – – – – – – – – – – –

»Mit Ihnen zu diskutieren ist wie mit einem Schwein im Matsch zu raufen. Ich werde dreckig, und Sie genießen es.«

War das jetzt ein Lob bezüglich meiner
rhetorischen Fähigkeiten?

Ich: »Haben Sie mir gerade den Stinkefinger gezeigt?«

Boss: »Nein, ich habe Ihnen nur signalisiert: Sie sind meine Nummer eins.«

Nonverbale Kommunikation auf höchster Ebene.

– – – – – – – – – – – – – – – –

»Sie sind wie eine Windel. Kleben mir am Hintern und sind dazu noch voller Scheiße.«

Meine Meinung geht dem Boss am Arsch vorbei.

– – – – – – – – – – – – – – – –

»Ihr Finanzkonzept hat mich sehr berührt. So wie der Eisberg die Titanic. Zum Ende hin bin ich in mich versunken, habe geschrien, und ein Teil von mir ist gestorben.«

Ich glaub, ich bin im falschen Film:
Mein Chef zeigt Gefühle.

»Sollen Sie ruhig weiter hinter meinem Rücken über mich reden. Sie befinden sich in einer hervorragenden Position, um mich am Arsch zu lecken.«

Statement unseres Geschäftsführers zur steigenden Demotivation der Mitarbeiter.

- - - - - - - - - - - - - - - -

»Ein angenehmer Mitarbeiter mit einem Zimmer-temperatur-IQ.«

Chef auf meine Frage, wie sich der neue Projektmanager mache.

- - - - - - - - - - - - - - -

»Bitte verstehen Sie das jetzt nicht falsch, aber ... Sie sind entlassen.«

Wie soll man das sonst verstehen?

»Sie sind wie meine Ex-Frau. Für die bin ich auch nur am Zahlen und bekomme nichts zurück.«

Das war wohl der falsche Moment, um meinem Boss die Spesenrechnung vorzulegen.

»Hören Sie auf, mir so dermaßen tief in den Arsch zu kriechen. Ich befürchte schon, dass, wenn ich gähne, die Leute Ihr Gesicht sehen.«

Nie wieder werde ich meinem Chef einen Kaffee servieren.

Der Choleriker

Er scheint die Ruhe selbst zu sein. Doch diese moderne Version von Dr. Jekyll und Mr. Hyde ist unberechenbar. Sobald er gereizt wird, kommt seine animalische Seite zutage. Wie der Hulk brüllt er in Rage alles und jeden zusammen. Wen er zu fassen kriegt, der darf sich auf verbale Tiefschläge der ganz üblen Badass-Boss-Sorte gefasst machen. Seine wehrlosen Opfer haben nur eine Chance. Weglaufen. Schnell.

»Seien Sie gefälligst still, wenn ich Sie unterbreche!!!«

> *Ich möchte meinen Standpunkt mit Argumenten*
> *untermauern. Mein Chef den seinen mit Lautstärke.*

– – – – – – – – – – – – – – – –

»Ich setze gleich Ihr Büro in Flammen, dann haben
Sie aber wirklich mal Burn-out.«

> *Mein Chef läuft heiß, und dann knallen bei ihm*
> *die Sicherungen durch. Regelmäßig.*

– – – – – – – – – – – – – – –

»Hören Sie mal, in Ihrem Kopf mag das logisch sein,
aber ich bin hier draußen!«

> *Als ich meinem Boss mein neues Vertriebskonzept*
> *erläuterte.*

»Ich entlasse Sie nicht nur – ich schicke Sie in die
Hölle! Und glauben Sie mir, wenn ich fertig bin
mit Ihnen, werden Sie sich sogar noch auf die Reise
freuen!!!«

Mein Chef schickt mich vor versammelter Belegschaft
zum Teufel.

– – – – – – – – – – – – – – – –

»Wenn Sie noch 'nen Ticken dümmer wären, müsste
man Sie zweimal wöchentlich wässern.«

Mein Abteilungsleiter auf meine Rechtfertigung,
dass jedem mal ein Fehler passieren könne.

– – – – – – – – – – – – – – – –

»Wir sind doch kein Amt. Nur da sitzen und es warm
haben, ist hier zu wenig.«

Wegen der verpassten Deadline gibt's einen Satz
heißer Ohren von unserem Chef.

»Wenn Ihnen die 24 Stunden am Tag nicht reichen, dann hängen Sie einfach noch zwei dran.«

Als das angekündigte Softwarerelease nicht rechtzeitig fertig zu werden drohte – drohte mir was.

– – – – – – – – – – – – – – – –

Chef: »Sehe ich aus wie ein Penner?«
Ich: »…nein.«
Chef: »Warum schleppen Sie mir dann all diese Flaschen an?«

Als ich mein neues Vertriebsteam präsentierte.

– – – – – – – – – – – – – – –

»Sollten Sie mir Steine in den Weg legen, dann werde ich diese aufheben und Ihnen den Kopf damit einschlagen. So weit verstanden?«

Mahnende Worte unseres Teamleiters vor der entscheidenden Präsentation bei der Geschäftsleitung.

»Krank? Magengrippe? Die ganze Woche?!?
Mal ehrlich, kotzen können Sie auch hier!«

Mein Vorgesetzter, als ich ihn telefonisch
über meine Krankheit informiert habe.

- - - - - - - - - - - - - - -

»Schicken Sie ihm direkt alle drei Abmahnungen
zusammen in einem Brief. Das spart uns Porto.«

Order des Personalchefs an mich.

- - - - - - - - - - - - - - -

»Diese Tätigkeit ist für Idioten. Machen Sie damit
weiter!«

Mein Chef wollte mir wegen der anstehenden Deadline
bei der Dateneingabe helfen. Er hat es sich aber dann
doch anders überlegt.

»Muss ich hier denn immer den Jesus spielen und
aus eurer Scheiße Wein machen?«

Der Chef ist sauer, dass er den Mist ausbaden muss.
Danach hat er ausgemistet: personell.

- - - - - - - - - - - - - - - -

»Ich hab gar nicht mitbekommen, dass wir auf
Teilzeit umgestellt haben.«

Chef bierernst zu mir, als ich nach elf Stunden
das Büro verlassen wollte.

- - - - - - - - - - - - - - - -

»Hören Sie auf zu flennen, sonst gebe ich Ihnen mal
einen Grund dazu.«

Chef zu einem Mitarbeiter, nachdem er ihn in einem
Meeting komplett zusammengefaltet hatte.

»Das Sie hier täglich Überstunden machen dürfen,
sollte wohl Lob genug sein.«

Lob muss man sich eben erarbeiten.

– – – – – – – – – – – – – – – –

»Dass Sie Ihren Job behalten haben, heißt noch lange
nicht, dass ich nicht hinter Ihnen her bin.«

Mein Chef zu mir, nachdem die Hälfte der Belegschaft
gekündigt wurde.

– – – – – – – – – – – – – – –

Ich: »Entschuldigen Sie, bitte. Warum unterhalten
Sie sich während meiner Präsentation?«
Boss: »Warum präsentieren Sie während MEINER
Unterhaltung?!«

Mein Chef hat das letzte Wort. Immer.

»Kennen Sie dieses Gefühl, wenn man erkennt,
dass man ungerecht war und sich im Ton vergriffen
und übertrieben hat? ICH NICHT!!!«

Selbstreflexion. Kann mein Chef. Nicht.

– – – – – – – – – – – – – – – –

»Die Beschwerde-Abteilung ist auf der Interessiert-
Mich-Einen-Scheiß-Etage in diesem Gebäude. Sie
müssen sich nur selber am Arsch lecken, um Zugang
zu erhalten.«

*Vollausraster meines Chefs, als ich mich über
die vielen Überstunden beschweren wollte.*

– – – – – – – – – – – – – – – –

»Okay, einigen wir uns darauf, dass meine gestrigen
Beschimpfungen Ihnen gegenüber unprofessionell,
unangemessen und absolut übertrieben waren. Und
einigen wir uns auch darauf, dass so etwas wieder
passieren wird.«

*Schön, einen so einsichtigen und
vorausschauenden Chef zu haben.*

»Selbst wenn Sie in diesem Jahr mehr als eine Million Deckungsbeitrag erwirtschaften, werde ich einen Grund finden, warum Sie hier nicht mehr arbeiten wollen.«

Nachdem er sich einen gezwitschert hatte, zwitscherte der Vertriebsleiter mir seine Meinung.

– – – – – – – – – – – – – – – –

»Jeder von euch hat Leichen im Keller, und ich werde so lange mit allen Maßnahmen danach forschen, bis ich den Ersten in Handschellen hier aus dem Gebäude führen kann und die Fresse nicht mehr sehen muss.«

Bei der Einführung eines automatisierten Reportings im Call Center zur Überprüfung der Mitarbeiter.

»Sie sind ja noch schlimmer als meine kleine Tochter.
Die ist auch nur am Plärren und will, dass man ihr für
jeden Mist auf die Schulter klopft. Ätzend!«

Mein Chef auf meine Frage, ob er mit dem
Projektverlauf zufrieden sei.

- - - - - - - - - - - - - - - -

»Wissen Sie, was in diesem Unternehmen fehlt?
Ein dicker Arsch, der das ganze Controlling
zuscheißt.«

Mein Vorgesetzter zu mir, als ihm der
neue Firmenwagen wegen Sparmaßnahmen
nicht gestattet wurde.

- - - - - - - - - - - - - - -

Ich: »Guten Morgen.«
Chef: »NEIN!«

Morgenstund hat Stress im Mund.

»Ich habe damals alles richtig gemacht, und in
Zukunft habe ich auch alles richtig gemacht.«

*Der Senior-Chef zu mir, als ich ihm zu einem
Richtungswechsel bei der Vertriebsstrategie
raten wollte.*

– – – – – – – – – – – – – – – –

»Wie, Sie gehen schon? Es ist erst 18:00 Uhr!
Sind Sie jetzt Teilzeitkraft?«

*Der tickt doch nicht richtig! Unser Senior-Chef
zum Werkstudenten.*

– – – – – – – – – – – – – – – –

Ich: »Darf ich Ihnen das Du anbieten?«
Boss: »Darf ich Ihnen das ›Da ist die Tür‹ anbieten?«

Am Morgen nach einer feucht-fröhlichen Firmenfeier.

»Wenn Sie tot sind, wüssten wir wenigstens, wo Sie
sind.«

Meine Chefin war nicht informiert,
dass ich drei Wochen im Krankenhaus lag.

- - - - - - - - - - - - - - - -

»Es tut mir leid, dass ich so angepisst war und
solche gemeinen Sachen zu Ihnen gesagt habe.
Die habe ich auch wirklich so gemeint, aber ich hätte
sie nicht vor versammelter Belegschaft sagen sollen.«

Netter Versuch: Mein Chef entschuldigt sich für seine
verbalen Fehltritte.

- - - - - - - - - - - - - - -

»Entschuldigen Sie, da hab ich mich wohl im Ton
vergriffen. Das kam jetzt viel freundlicher rüber,
als es gemeint war.«

Mein Chef kann einfach nicht über
seinen Schatten springen.

Good Bosses

Die Good Bosses

Was haben ein deutscher Ex-Agent, ein ehemaliger amerikanischer Top-Manager, ein spiritueller Lehrer, ein Schlagfertigkeits-Coach und ein Start-up-Unternehmer miteinander gemeinsam? Sie alle mussten am eigenen Leib erfahren, was es heißt, unter einem Badass-Boss zu arbeiten: Beleidigungen und Demütigungen zu ertragen, verbale Tiefschläge hinzunehmen und sogar reale Fausthiebe einzustecken. Ihre Erfahrungen zeigen, dass die Badass-Bosse keine Relikte aus vergangenen Tagen sind, sondern dass sie nach wie vor in unserer Leistungsgesellschaft, in der Ellenbogen gerne zum Einsatz kommen und in der das leider nicht mal verwerflich ist, präsent sind. Es scheint, als ob unsere Arbeitswelt voll von machtgeilen, selbstherrlichen Chefs ist, welche sich über Repressalien definieren und von respektvoller Menschenführung so viel halten wie Kannibalen von vegetarischer Kost.

Doch der Scheint trügt. Wo ein Ying, da ein Yang. Wo ein Darth Vader, da ein Luke Skywalker. Denn unsere anfangs genannten Persönlichkeiten haben eine weitere Gemeinsamkeit: sie haben sich nicht kleinkriegen lassen, gingen in den Widerstand und erklärten den Badass-Bossen den Kampf: sie sind die Good Bosses. Als Führungspersönlichkeiten beweisen sie in ihren eigenen Unternehmen, Büchern und Vorträgen, dass echte, erfolgreiche Führung immer den Menschen im Mittelpunkt hat. Sie erwecken die Werte, die in vielen Unternehmen in der Vergangenheit verloren gingen, wieder zum Leben: Respekt, Humor, Wertschätzung und gegenseitiges Vertrauen.

Liebe Leser, erfahrt auf den folgenden Seiten, welche Erfahrungen unsere Good Bosse gemacht haben und welche Tipps sie für euch haben, um den Badass-Bossen erfolgreich entgegenzutreten und den Kampf zu erklären. Tretet unserem Widerstand bei. Die Welt braucht euch!

Leo Martin

Ex-Agent. Kriminalist. Bestsellerautor.
Leo Martin hat zehn Jahre lang für einen großen deutschen Geheimdienst gearbeitet. Als Ex-Agent ist er kein Freund vom »Kuschel-Kurs«. Es geht ihm darum, Aufträge zu erfüllen und Ziele zu erreichen. Trotzdem gilt für ihn: »Man muss Menschen rühren, nicht schütteln!«

Was war das Gemeinste, was Sie sich von einem Vorgesetzten gefallen lassen mussten? Und wie haben Sie darauf reagiert? Wie würden Sie heute reagieren?
Das erste Beurteilungsgespräch meines Lebens. Ich im Büro meines Chefs, Vier-Augen-Gespräch hinter verschlossenen Türen. Beendet nach 30 Sekunden: »Ich habe eine Zeit lang gebraucht, um zu erkennen, dass Sie ein Guter sind. Machen Sie genauso weiter!«, sagt er, klopft mir auf die Schulter, dreht mich dabei Richtung Türe, lächelt mich väterlich an und schiebt mich nach draußen auf den Gang. Auf einmal beginnt er hinter mir wild zu toben und schreit: »Raus hier! So eine Frechheit! Das ist mir noch nie passiert! Was bilden Sie sich eigentlich ein!« Dann knallt es. Die Wände wackeln. Er hatte die Tür mit solcher Kraft ins Schloss geworfen, dass alles bebte. Die Kollegen auf dem Stockwerk halten die Luft an. Totenstille. So etwas hatten sie noch nicht erlebt. Ich denke mir: »Coole Sau, mein Chef!«

Was raten Sie einem Angestellten, dessen Chef ständig Sprüche klopft, die definitiv unter der Gürtellinie sind?

Stop! Bis hierher und keinen Schritt weiter! Sonst wirst du die Konsequenzen deines Handelns spüren. Das ist die geistige Haltung, die Sie einnehmen dürfen. Aber auch beim Agenten-Lied macht der Ton die Musik. Machen Sie es sich zur Aufgabe, Ihren Chef charmant wieder einzufangen, auch wenn er mal über das Ziel hinausgeschossen ist. So beweisen Sie kommunikative Kompetenz, die er offensichtlich stellenweise vermissen lässt. Nicht nur für Agenten gilt: Sofort ansprechen, nur den letzten konkreten Vorfall, sagen Sie, was seine Aussage in Ihnen ausgelöst hat. Erwarten Sie im ersten Augenblick keine Entschuldigung. Ihr Statement wird nachwirken, auch wenn Sie schon lange weg sind. Der wichtigste Geheimtipp: Diese Mission funktioniert nur im Vier-Augen-Prinzip. So kann Ihr Badass-Boss sein Gesicht wahren. Vor Dritten oder in der Öffentlichkeit zwingen Sie ihn zum Weitermachen.

Was zeichnet Ihrer Meinung nach einen Good Boss aus? Und gibt es den?

Ja, den gibt es. Der Good Boss weiß, wie weit er zu weit gehen darf. Nichts ist bequemer als die Komfortzone. Nichts ist langweiliger als Konformität. Das gilt in jeder Beziehung, egal ob beruflich oder privat. Spannend wird es erst, wenn hier und da ein bisschen Reibung entsteht. Ein Boss, der nur keine Grenzen überschreitet, wird wenig reißen. Weder wird er seine Mission erfüllen, noch seine Mitarbeiter bewegen. Von Zeit zu Zeit muss er den Bogen überspannen, er muss manchmal zu weit gehen. Aber mit Fingerspitzengefühl. Den Good Boss zeichnet aus, dass er weiß, dass er zu weit gehen muss. Er weiß aber auch, wie weit er zu weit gehen darf!

Veit Lindau

Businesspunk. Coach. Mystiker.

Veit Lindau bezeichnet sich selbst als liebevollen Business-punk, modernen Mystiker und als nicht normal. Denn er will alles: Freiheit, Würde, Liebe und Erfolg im Leben ver-einen. In seinen Büchern, Vorträgen und Seminaren inspi-riert und fordert er sein Publikum heraus: »Nicht jeder, der geboren wurde, hat sich bereits für das Leben entschieden. Es ist die radikalste Wahl, die du treffen kannst und musst. Alles und jeder um dich herum wartet auf deine Antwort – auch dein Boss.«

Was war das Gemeinste, was Sie sich von einem Vorgesetzten gefallen lassen mussten? Und wie haben Sie darauf reagiert? Wie würden Sie heute reagieren?

Ich habe mir zweimal etwas von einem Vorgesetzten gefal-len lassen. Einmal erzwungen – während meiner Armeezeit: Schuhe putzen für andere, dreckige Klos mit der Zahnbürste schrubben … Ich habe es still getan, denn es hat mich nicht wirklich berührt. Die zweite Portion Demütigungen hab ich mir bei meinem spirituellen Lehrer reingezogen. Hier aller-dings freiwillig. Wenn er mich öffentlich beleidigte oder sogar falsche Informationen weitergab, brannte dies wie Feuer, denn ich habe diesen Menschen über alles geliebt. Ich habe bewusst still gehalten und es brennen lassen. Für einen Außenstehenden muss dies abartig klingen, wenn ich sage: Es war sehr, sehr wertvoll für mich. Es hat mein Ego in die Knie gezwungen und mir gezeigt, wer ich unter meinem blasierten Stolz wirklich bin. Seitdem hatte ich nie wieder einen Vorgesetzten... außer Gott.

Was raten Sie einem Angestellten, dessen Chef ständig Sprüche klopft, die definitiv unter der Gürtellinie sind?

Mach dir klar: Du hast es mit einer aussterbenden Rasse zu tun. Es gibt bessere Chefs! Doch zuerst: Bring dir Selbstachtung entgegen, sonst können es die anderen auch nicht tun. Finde heraus, was du wert bist – als Mensch und in deiner Arbeit. Wenn jemand würdelos mit dir kommuniziert, weise ihn darauf hin. Wenn er nicht bereit ist, Grenzen einzuhalten, geh. Geh dahin, wo du gesehen und geachtet wirst. Kein Geld dieser Welt kann deine Würde ersetzen.

Was zeichnet Ihrer Meinung nach einen Good Boss aus? Und gibt es den?

Klar gibt es den. Ich habe sie kennengelernt, und ich arbeite hart daran, selbst einer zu sein. Was ihn auszeichnet: He walks his talk. Er gibt mehr, als er fordert. Er kann führen UND ermächtigen. Er glaubt so sehr an seine Sache, dass er fähig ist, ein Team in Begeisterung zu vereinen. Er sieht seine Mitmenschen nüchtern und liebevoll. Er gibt ihnen den Raum und den Job, in dem sie ihre Stärken voll ausleben und mit ihren Schwächen möglichst wenig anstellen können. Er ist mitfühlend und unbarmherzig zugleich. Er muss nicht gemocht werden, doch er ist fair. Er braucht Bodenhaftung, starke Visionen und einen Schuss Craziness. Er verlässt das Boot als Letzter.

Matthias Pöhm

Rhetoriktrainer. Schlagfertigkeits-Star.
Matthias Pöhm gilt als der erfinderischste und beste Schlag-
fertigkeits- und Rhetoriktrainer Deutschlands. Er veranstal-
tet das einzige Rhetorikseminar Europas, in dem die Teil-
nehmer vor über 120 Menschen auf einer Bühne reden.
Entgegen allen Spezialisierungs-Ratschlägen gibt er sowohl
spirituelle Seminare als auch Seminare zur Verführung von
Frauen. Seine Attitude: »Du musst nicht die Welt zu einem
besseren Ort machen, die einzige Welt, die du zu einem besseren Ort machen musst, ist deine innere Welt. Dann ergibt
sich der Rest von selber.«

**Was war das Gemeinste, was Sie sich von einem
Vorgesetzten gefallen lassen mussten? Und wie
haben Sie darauf reagiert? Wie würden Sie heute
reagieren?**
Im Berufsleben fällt mir nichts ein, eine Situation aus meiner Schulzeit ist mir allerdings noch in Erinnerung. In unserer Clique war ich damals Mittelpunkt und Klassenclown.
Bei einem Schulkonzert vereinbarten wir, dass wir einfach
mit dem Klatschen nicht mehr aufhören wollten. Ich war
der Anführer und klatschte vorneweg. Irgendwann erstar-
ben Stück für Stück die Klatscher um mich herum, bis zum
Schluss nur noch zwei, drei übrig blieben. Plötzlich spürte
ich einen Faustschlag auf meinen Rücken. Der Direktor des
Gymnasiums war heimlich um die ganze Aula herumgelau-
fen und hatte sich von hinten angenähert. Alle hatten es mit-

bekommen, nur ich nicht. Er schrie mich an: »Pöhm, was suchst du noch hier? Du gehörst doch in die Irrenanstalt.« Damals habe ich nichts gesagt, heute würde ich antworten: »Ja, dann können wir uns ja 'ne Zelle teilen.«

Was raten Sie einem Angestellten, dessen Chef ständig Sprüche klopft, die definitiv unter der Gürtellinie sind?
Die beste Art, einem Sprüche klopfenden Boss entgegenzutreten, ist, sich schlagfertig zu wehren. Das ist mein Spezialgebiet. Es gibt Techniken, bei denen man die Hierarchie anerkennt und trotzdem sein Revier abgesteckt hat. Boss zum Mitarbeiter, um 18 Uhr mit kritischen Blick auf die Uhr: »Ach, wollen Sie schon gehen?« Konter des Mitarbeiters: »Ich nehm's von meinem Urlaub, Chef!« Die eleganteste Art zu kontern ist das Kontern in Bildern. Damit erreicht man nicht nur eine sehr hohe Außenwirkung, sondern man markiert sein Revier. Boss: »Sie haben keine Ahnung, Sie haben doch noch nie gearbeitet und einen Schraubenschlüssel in der Hand gehalten!« Mitarbeiter: »Ich muss keine Eier legen können, um beurteilen zu können, ob ein Ei faul ist oder nicht.«

Was zeichnet Ihrer Meinung nach einen Good Boss aus? Und gibt es den?
Der Chef, der von allen geliebt wird, den gibt es nicht. Es gibt aber diejenigen, die von einer Mehrheit geliebt werden, und am anderen Ende der Skala diejenigen, die von sehr wenigen geliebt werden. Ein Good Boss ist eine Mischung aus klarer Linie und Menschlichkeit. Er sollte wissen, was

er will. Ein Windbeutel, der allen gefallen will und nicht in der Lage ist, klare Entscheidungen zu fällen, wird meistens nicht geschätzt. Leute wollen geführt werden, und jemand, der führen kann, entscheidet auch auf die Gefahr einer Fehlentscheidung hin. Auf der anderen Seite sollte er Menschlichkeit zeigen. Er sollte die Menschen beim Namen kennen, er sollte sich für ihre privaten Belange interessieren, er sollte ihnen zuhören, und er sollte sie loben.

Patrick D. Cowden

Leadership-Experte. Autor. Chef-Schreck.
Der Deutsch-Amerikaner Patrick D. Cowden nimmt seit über 25 Jahren Führungspositionen in renommierten Unternehmen ein. Genauso lange stört ihn die Führungsunkultur in den Chefetagen. Er hält nichts von Managern, die auf Kontrolle statt Vertrauen setzen, auf Distanz statt Nähe, auf Zahlen statt Menschen. Dagegen kämpft er, schreibt Bestseller wie »Mein Boss, die Memme« oder »Neustart: Das Ende der Wirtschaft, wie wir sie kennen«. Seine Initiative Beyond Leadership hat nur ein Ziel: die Revolution der Führungskultur in Deutschland. Seine Attitüde: »A true boss will always KICKASS – for his people.«

Was war das Gemeinste, das Sie sich von einem Vorgesetzten gefallen lassen mussten? Und wie haben Sie darauf reagiert? Wie würden Sie heute reagieren?
Mein Boss rief mich einmal zu sich und eröffnete mir: »Patrick, Sie sind kein Team-Player, irgendwie passen Sie nicht zu uns.« Ich antwortete: »Na klar, ein Champions-League-Spieler passt ja auch nicht zu einer Regional-Liga-Mannschaft.«

Er schätzte meine Antwort so sehr, dass er mich feuerte.

Wenn ich heute an meine Reaktion von damals denke, würde ich jetzt aber auf jeden Fall anders reagieren. Heute würde ich sagen:

»Chef, wissen Sie was? Wahrscheinlich haben Sie recht.

Und deswegen können Sie sich diesen Job sonst wo hinstecken!«

Wenn man selbst den Stecker zieht, ist es einfach viel schöner!

Was raten Sie einem Angestellten, dessen Chef ständig Sprüche klopft, die definitiv unter der Gürtellinie sind?

Wenn ein Chef sich das ständig erlaubt, bringt er Sie in eine wirklich blöde Situation. Er ist daran gewöhnt, zu machen, was er will, und nutzt seinen Machtvorteil schamlos aus. So können Sie sich helfen:

Nehmen Sie ihn, wie er ist, und schlucken Sie die Beleidigung runter.

Atmen Sie tief ein... dann sagen Sie ihm, wie sich das angefühlt hat.

Wenn er sich spätestens dann nicht entschuldigt hat, geben Sie's ihm zurück. Solche Typen sind und bleiben Tyrannen und dürfen nicht ungeschoren davonkommen. Gehen Sie in sich, und bringen Sie den Mut zum Gegenschlag auf.

Was zeichnet Ihrer Meinung nach einen Good Boss aus? Und gibt es den?

Ein guter Chef denkt immer zuerst an seine Mitarbeiter. Egal, womit er konfrontiert wird, er nimmt sie immer in Schutz. Er schafft ein Klima, das geprägt ist von Respekt, Vertrauen, Offenheit und Wertschätzung. Egal, was passiert, er ist immer für seine Mitarbeiter da. Wenn ein solcher Boss seine Hand für sie ins Feuer legt, tun seine Mitarbeiter dasselbe für ihn. Ein Good Boss schätzt seine Mitarbeiter mehr als alles andere. Wenn nötig, gibt er sogar sein (Berufs-)Leben für sie – der ultimative Beweis dafür, woran er wirklich glaubt.

Sascha Brandhorst

Unternehmer, Innovator, Getriebener

Sascha Brandhorst ist Gründer und treibende Kraft eines innovativen deutschen Softwareunternehmens. Er bezeichnet sich selbst als Getriebener, denn er gibt sich nicht zufrieden mit dem Gegebenen. Stillstand nennt er »kreativen Tod«. Der Status quo existiert für ihn nicht. Für ihn gilt: »Wer wirklich Neues erschaffen will, der muss mutig sein – und seine Überzeugung auch gegen die eingefahrenen Meinungen vieler Traditionalisten durchsetzen.« Seine Attitüde: »Be smart. Be different.«

Was war das Gemeinste, was Sie sich von einem Vorgesetzten gefallen lassen mussten? Und wie haben Sie darauf reagiert? Wie würden Sie heute reagieren?

In meinem zweiten Job als Junior-Marketing-Manager bei einem Druck- und Medienunternehmen beauftragte mich mein Abteilungsleiter, ein mutiges Marketing-Konzept zu entwickeln, wie sich das Unternehmen in Zukunft positionieren könne. Vier Wochen saß ich Tag und Nacht daran, und als ich es ihm stolz zu lesen gab, fuhr er mich an: »Internet? Ist das Ihr Ernst? Was soll dieser neumodische Scheiß?!? Wir werden doch nicht jedem kurzlebigen Trend aufspringen. Immer muss ich alles selbst machen. Raus!« Zwei Wochen später präsentierte er vor versammelter Belegschaft und unserem Chef »sein« Konzept. Unser Chef lobte ihn für seine zukunftsweisenden Ideen, die Belegschaft applaudierte, mir verschlug es die Sprache: Er hatte eins zu eins mein Konzept genommen, es als das seinige vorgestellt und mich mit keinem Wort erwähnt. Als ich ihn zur Rede stellen wollte, fuhr er mich an: »Was wollen Sie denn von mir? Sie hätten es doch niemals beim Chef verkauft bekommen. Also, backen Sie mal schön weiter kleine Brötchen.« Eine Woche später wurde er befördert, und ich kündigte. Unter so jemandem wollte ich nicht arbeiten. Und das sollte niemand. »Sein« Konzept konnte er nicht umsetzen, dafür wurde er gegangen. Aus heutiger Sicht würde ich alles genauso machen. Respekt ist unersetzlich. Und man sollte niemals die Selbstachtung verlieren. Mein Grundsatz: »Do no harm. But take no shit.«

Was raten Sie einem Angestellten, dessen Chef ständig Sprüche klopft, die definitiv unter der Gürtellinie sind?
Bitten Sie um ein persönliches Gespräch. Sagen Sie ihm, dass seine Äußerungen verletzend sind. Fragen Sie ihn, warum er so handelt und wie er sich fühlen würde, wenn er despektierlich behandelt werden würde. Aber bleiben Sie stets sachlich. Drohen Sie nicht. Emotionen haben hier keinen Platz. Führungspersonen verlieren sich oft in ihrer Arbeit und bemerken ihren schroffen Befehlston gar nicht mehr. Wenn Sie dem Chef sein Verhalten aber vor Augen führen, tun Sie ihm einen Gefallen. Wenn er selbstreflektieren kann, und das sollte er können, dann wird er Ihren Mut schätzen, und meistens lösen sich solche Sachen dann von alleine. Schaltet er aber komplett auf stur und fährt seine harte Linie weiter, dann ziehen Sie Ihre Konsequenzen. Sie sind es sich schuldig, Ihr Selbstwertgefühl zu sichern. Wenn

Sie keine Freude mehr verspüren und nicht mehr lachen können, dann gehen Sie – gehen Sie Ihren Weg. Glauben Sie mir, das Leben belohnt furchtlose Entscheidungen. Ihnen werden sich schnell neue, bessere Möglichkeiten bieten. Seien Sie mutig. Immer.

Was zeichnet Ihrer Meinung nach einen Good Boss aus? Und gibt es den?

Natürlich gibt es den. Der Good Boss sitzt nicht abgeschottet von seinen Firmenangehörigen auf einem Thron und erteilt Befehle. Ein Good Boss ist ein Leader. Er geht voran. Er führt seine Firmenangehörigen. Er ist einer von ihnen. Was ihn auszeichnet, ist seine Fähigkeit, Entscheidungen zu treffen. Das erwarten seine Mitarbeiter von ihm. Er schwankt nicht. Klare Worte und Aussagen schaffen Sicherheit und Vertrauen. Denn beim Mitarbeiterverhältnis ist es wie bei der Liebe. Man muss Vertrauen schenken. Nur durch Vertrauen versetzt man seine Leute in die Lage, Verantwortung zu übernehmen, mutig und kreativ zu sein und dadurch über sich hinauszuwachsen. All diese Motivationsratgeber sind Quatsch! Wer das lebt, was er »predigt«, konsequent Vertrauen schenkt, aber auch konsequent Entscheidungen trifft, der schafft ein außergewöhnlich gutes Klima, in dem außergewöhnliche Menschen arbeiten – und Außergewöhnliches leisten.